한국 전통건축의 구조

옮긴이 장익수

대학에서 공학을 전공하고 기업체 엔지니어로 근무하고 있다. 역사와 기술, 인문, 종교, 음악, 건축, 지리 등 다양한 분야에 관심이 많다. 저서로는 『핵심 품질관리기술사』, 『품질용어사전』, 『한국건축사 예상문제』, 『영어로 읽는 대학』, 『책으로 만나는 서예이야기』, 『집자성교서 역해본』, 『3개 국어 동사변화』, 『명필법첩시리즈(전 10권)』, 『한문과 영어로 읽는 금강경』 등이 있으며 번역서로는 『플루트와 플루트 연주』, 『조선의 참모습』, 『한국의 불교』가 있다.

한국 전통건축의 구조

초판 인쇄 | 2023년 3월 6일
초판 발행 | 2023년 3월 6일
지은이 | 장익수
펴낸이 | 장익수
펴낸곳 | 도서출판 청명재
출판등록 | 2020년 4월 13일
등록번호 | 제 2020-000002호
주소 | 부산광역시 강서구 명지오션시티 12로10
이메일 | is.jang93@gmail.com
ISBN | 979-11-91049-14-5 (93540)
정가 | 18,000원

한국 전통건축의 구조

도서출판 청명재

문화재수리기술자를 준비하는 과정에서 겪은 어려움 중 하나는 한국 전통건축물의 구조를 일일이 확인하는 것이었다. 일부 중요 건축물의 경우만 내부 구조를 다룬 자료들이 단행본 형태로 발간되어 있을 뿐 대부분의 전통건축물들은 문화재청의 수리보고서가 아니면 그 내용을 확인할 수 없었다. 때문에 여기 저기 산재한 자료들을 취합하여 편집하고 정리하느라 적지 않은 시간이 소요되었다.

여기에 수록된 자료들은 이처럼 지난한 과정에 따른 결과물이다. 먼저 모든 건축물들을 주심포식과 다포식, 익공식으로 분류하고, 각각의 건축물들은 문화재청에서 발간한 수리보고서의 자료를 이용하여 필자가 다시 도면과 내용을 수정하여 편집하는 과정을 거쳤다. 각 건축물들의 말미에는 밖에서는 보이지 않는 내부 구조를 사진으로 보여줌으로써 일일이 그 곳을 찾아가지 않더라도 대략적인 이해가 될 수 있도록 노력하였다.

부족하나마 이 책을 통해 우리 전통 건축물을 이해하고 사랑할 수 있는 계기가 되기를 바란다.

장익수

차 례

3부 익공식 건축물

Part

1

주심포식 건축물

봉정사 극락전

봉정사(鳳停寺)는 672년(신라 문무왕 12) 능인대사(能仁大師)에 의하여 창건되었다는 전설이 전하는데, 〈극락전 중수상량문〉등 발견된 구체적인 자료를 통해 보면 7세기 후반 능인대사에 의해 창건된 것으로 추정된다.

극락전은 원래 대장전이라고 불렸으나 뒤에 이름을 바꾸었다고 한다. 1972년 보수공사 때 고려 공민왕 12년(1363)에 지붕을 크게 수리하였다는 기록이 담긴 상량문을 발견하였는데, 우리 전통 목조 건물은 신축 후 지붕을 크게 수리하기까지 통상적으로 100~150년이 지나야 하므로 건립연대를 1200년대 초로 추정할 수 있어 우리나라에서 가장 오래된 목조 건물로 보고 있다.

앞면 3칸·옆면 4칸 크기에, 지붕은 옆면에서 볼 때 사람 인(人)자 모양을 한 맞배지붕으로 꾸몄다. 기둥은 배흘림 형태이며, 처마 내밀기를 길게 하기 위해 기둥 위에 올린 공포가 기둥 위에만 있는 주심포 양식이다. 건물 안쪽 가운데에는 불상을 모셔놓고 그 위로 불상을 더욱 엄숙하게 꾸미는 화려한 닫집을 만들었다. 또한 불상을 모신 불단의 옆면에는 고려 중기 도자기 무늬와 같은 덩굴무늬를 새겨 놓았다.

봉정사 극락전은 통일신라시대 건축양식을 본받고 있다.

※ 출처 : 문화재청 국가문화유산포털

1 종단면도

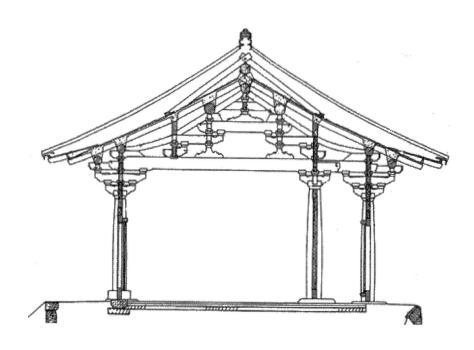

2 평면도

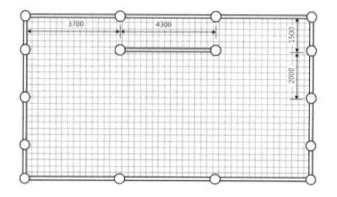

3 건축물 구성

건축 시기	13세기 이전
소재지	경상북도 안동시 서후면 천등산
공포 유형	주심포식
지붕 형식	맞배지붕(단층)
평면 규모	정면3칸 측면4칸
량가 구조	1고주 7량가
출목수	외2출목 내2출목

우리나라에 현존하는 건축물들 중 가장 오래된 것으로 인정되고 있다.

기단은 가구식 기단이 약식화 되면서 우주석 대신 면석과 모서리돌에 쇠시리 가공을 하여 시각적인 효과를 도모하고 있다. 기둥의 경우 배흘림이 뚜렷한 원주를 사용하고 있으며, 전면 고주는 감주(減柱) 처리되어 있다.

주두와 소로는 굽면이 곡면이고 굽받침이 없으며, 첨차의 경우 마구리를 직절하고 하단에는 연화두형 장식을 가미했다. 헛첨차는 구성되어 있지 않으며 행공첨차가 없이 살미첨차가 직접 단장혀와 출목도리를 받치는 게 특징이다. 보 방향과 도리 방향의 첨차 형상은 동일하다.

보뺄목은 삼분두 초각으로 이루어져 있으며 종도리를 좌우에서 고정하기 위해 솟을합장이 사용되었다.(솟을합장 하단부는 중도리와 초공 지지부에 촉장부 맞춤)

중도리는 원형 단면이 아닌 제형도치형 단면이 사용되었으며 이러한 사례는 수덕사 대웅전에서도 찾아볼 수 있다. 종도리 위에는 적심도리가 설치되었다. 주심도리에서 종도리까지는 전체적으로 소슬재가 사용되었으며, 평고대는 삼각형 단면의 통평고대가 적용되었다.

창방 뺄목은 직절이며, 서까래의 경우 하나의 통재로 처마와 용마루를 연결하고 있어 물매가 작아 용마루를 높이기 위해 덧서까래를 설치했다.

전체적으로 통일신라시대의 건축 형식과 북송(北宋)·요(遼)의 영향을 받은 주심포 1형식에 해당한다.

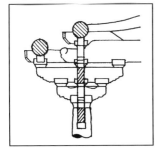

봉정사 극락전

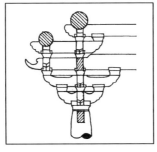

부석사 무량수전

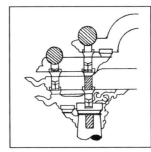

수덕사 대웅전

4 참고 자료

부석사 무량수전

봉황산 중턱에 있는 부석사는 신라 문무왕 16년(676)에 의상대사가 왕명을 받들어 화엄의 큰 가르침을 펴던 곳이다. 무량수전 뒤에는 '부석(浮石)'이라고 새겨져 있는 바위가 있는데, 『송고승전』에 있는 설화를 보면, 의상대사가 당나라에서 유학을 마치고 귀국할 때 그를 흠모한 여인 선묘가 용으로 변해 이곳까지 따라와서 줄곧 의상대사를 보호하면서 절을 지을 수 있게 도왔다고 한다. 이곳에 숨어 있던 도적떼를 선묘가 바위로 변해 날려 물리친 후 무량수전 뒤에 내려앉았다고 전한다. 무량수전은 부석사의 중심 건물로 극락정토를 상징하는 아미타여래불상을 모시고 있다. 신라 문무왕(재위 661~681) 때 짓고, 공민왕 7년(1358)에 불에 타 버렸다. 지금 있는 건물은 고려 우왕 2년(1376)에 다시 짓고 광해군 때 새로 단청한 것으로, 1916년에 해체·수리 공사를 하였다.

규모는 앞면 5칸·옆면 3칸으로 지붕은 옆면이 여덟 팔(八)자 모양인 팔작지붕으로 꾸몄다. 지붕 처마를 받치기 위해 장식한 구조를 간결한 형태로 기둥 위에만 짜올린 주심포 양식이다. 특히 세부 수법이 후세의 건물에서 볼 수 있는 장식적인 요소가 적어 주심포 양식의 기본 수법을 가장 잘 남기고 있는 대표적인 건물로 평가받고 있다. 건물 안에는 다른 불전과 달리 불전의 옆면에 불상을 모시고 있는 것이 특징이다.

※ 출처 : 문화재청 국가문화유산포털

1 종단면도

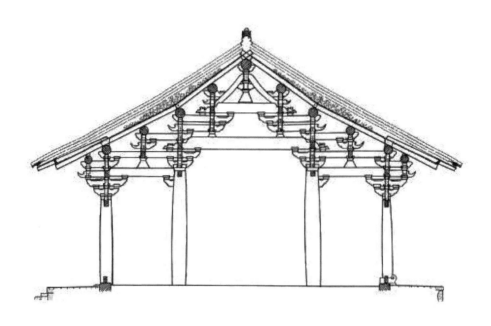

2 평면도

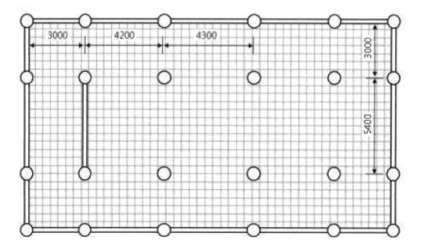

3 건축물 구성

건축 시기	1376년(화재로 소실된 것을 우왕2년에 재건)
소재지	경상북도 영주시 부석면 북지리
공포 유형	주심포식
지붕 형식	팔작지붕(단층)
평면 규모	정면5칸 측면3칸
량가 구조	2고주 9량가
출목수	외2출목 내2출목

기단은 가구식 기단이 약식화되면서 측면 기단 중앙에 탱주석 대신 폭이 좁은 면석을 배치하여 시각적 효과를 도모하고 있다. 기둥의 경우 배흘림이 뚜렷한 원주를 사용하였으며 건물 좌우로 갈수록 기둥 높이가 높아지는 귀솟음 기법이 적용되었다.

추녀 뒤뿌리는 하중도리와 중중도리 하부에 고정되어 있으며, 주두와 소로는 굽면이 곡면이고 굽받침이 있다. 첨차의 경우 마구리가 사절되어 있고 하단에는 연화두형으로 장식되었다. 보 방향과 도리 방향의 첨차 형상은 서로 동일하다. 고주에는 헛첨차가 있으나 평주에는 헛첨차가 없다. 보뺄목은 퇴보 끝에 간단한 곡선 장식의 제공으로 이루어져 있고, 각 도리마다 곡선 장식의 초공[1]과 충방으로 지지한다. 이 때문에 보와 도리는 직접 결구되지 않는다.

종도리를 좌우에서 위로 받치는 솟을대공이 사용되었으며, 대부분의 려말선초 건물에서 보이는 솟을합장이 종도리를 좌우에서 받쳐 주는 역할임을 생각한다면 이들 솟을합장과는 구분되어야 한다.(유사 사례 : 법주사 대웅보전)

창방 뺄목은 없으며, 정방형 전각부로 인해 외기도리가 없고 충량 없이 귓보를 사용한다. 겹처마 이매기의 경우 평고대와 부연개판이 일체화된 통평고대가 사용되었다. 주심포 1형식에서 주심포 2형식으로 넘어가는 과도기적 건축물이다.

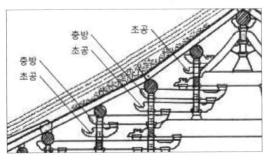 

1) 도리를 받는 장혀에 짜여 도리가 좌우로 구르지 못하게 하는 부재

4 참고 자료

수덕사 대웅전

수덕사는 덕숭산에 자리잡고 있는 절로, 절에 남겨진 기록에는 백제 후기 숭제법사가 처음 짓고 고려 공민왕 때 나옹이 다시 고친 것으로 기록되어 있고, 또 다른 기록에는 백제 법왕 1년(599)에 지명법사가 짓고 원효가 다시 고쳤다고도 전한다.

석가모니불상을 모셔 놓은 대웅전은 고려 충렬왕 34년(1308)에 지은 건물로, 지은 시기를 정확하게 알 수 있는 우리나라에서 가장 오래된 목조건물 중의 하나이다. 앞면 3칸·옆면 4칸 크기이며, 지붕은 옆면에서 볼 때 사람 인(人)자 모양을 한 맞배지붕으로 꾸몄다. 지붕 처마를 받치기 위한 구조가 기둥 위에만 있는 주심포 양식이다. 앞면 3칸에는 모두 3짝 빗살문을 달았고 뒷면에는 양쪽에 창을, 가운데에는 널문을 두었다.

대웅전은 백제 계통의 목조건축 양식을 이은 고려시대 건물로 특히 건물 옆면의 장식적인 요소가 매우 아름답다. 또한 건립연대가 분명하고 형태미가 뛰어나 한국 목조건축사에서 매우 중요한 문화재로 평가 받고 있다.

※ 출처 : 문화재청 국가문화유산포털

1 종단면도

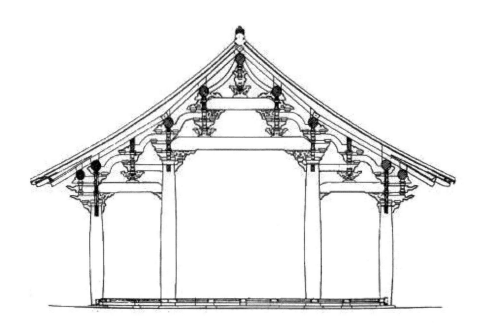

2 평면도

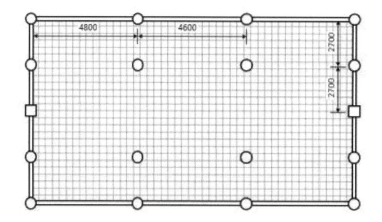

3 건축물 구성

건축 시기	1308년
소재지	충청남도 예산군 덕산면 사천리
공포 유형	주심포식
지붕 형식	맞배지붕(단층)
평면 규모	정면3칸 측면4칸
량가 구조	2고주 9량가
출목수	외2출목

　기둥으로는 배흘림이 뚜렷한 원주가 사용되었으며, 주두와 소로는 굽면이 곡면이고 굽받침이 있다. 첨차의 경우 마구리가 사절되었으며 하단에는 연화두형 장식이 반영되어 있다. 평주와 고주에는 헛첨차가 있으며 행공첨차도 확인된다. 보 방향 첨차(살미첨차)가 이 때부터 점차 화려해지기 시작한다.

　보뺄목은 툇보 머리를 앙서형으로 가공하였으며, 보 방향으로 외목도리와 우미량을 받을장으로 받는 부재인 초공의 경우 외부는 사절 후 게눈각, 내부는 사절 후 연화두 장식을 반영하였다.

　홍예초방이라고도 하는 우미량은 상하도리를 서로 연결하는 역할을 하고 있으며 수덕사 대웅전의 가장 특징적인 부분이기도 하다. 하중도리의 단면은 제형도치형이며 이는 봉정사 극락전과도 동일하다. 종도리 좌우를 지지하기 위해 솟을합장이 사용되었으며, 창방 뺄목은 초각(草刻)되어 있다.(솟을합장 아래쪽은 중도리와 초공 지지부에 촉장부맞춤)

　초방과 우미량의 사용으로 보와 도리가 직접 결구되지 않는 구조이다. 또한 내부 가구와 측벽 가구가 동일한 구조를 가지는게 특징이다. 지붕의 하중을 안정적으로 받기 위해 내진고주의 직경($\varnothing$540)이 외진평주의 직경($\varnothing$480)보다 크다.

　겹처마에는 통평고대가 사용되었으며, 전체적으로 주심포 2형식에 해당하는 건축물이다.

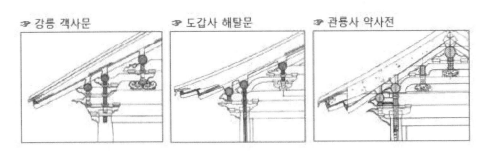

☞ 강릉 객사문　　　　☞ 도갑사 해탈문　　　　☞ 관룡사 약사전

건축물별 우미량 비교

4 참고 자료

강화 정수사 법당

정수사는 신라 선덕여왕 8년(639) 회정선사가 세웠고 조선시대 세종 8년(1426)에 함허대사가 다시 지었는데, 건물 서쪽에서 맑은 물이 솟아나는 것을 보고 이름을 정수사라 고쳤다고 한다.

이 법당은 석가모니불상을 모신 대웅보전으로, 1957년 보수공사 때 숙종 15년(1689)에 수리하면서 적은 기록을 찾아냈다. 기록에 따르면 세종 5년(1423)에 새로 고쳐 지은 것이다.

규모는 앞면 3칸·옆면 4칸이지만 원래는 툇마루가 없이 앞면과 옆면이 3칸 건물이었던 것으로 추정한다. 지붕은 옆면에서 볼 때 사람 인(人)자 모양을 한 맞배지붕이고, 지붕 무게를 받치기 위해 장식하여 만든 공포가 기둥 위에만 있는 주심포 양식으로 앞뒷면이 서로 다르게 나타나고 있다. 이것은 앞면 퇴칸이 후대에 다시 설치되었다는 것을 뜻한다. 앞쪽 창호의 가운데 문은 꽃병에 꽃을 꽂은 듯 화려한 조각을 새겨 뛰어난 솜씨를 엿보게 한다.

※ 출처 : 문화재청 국가문화유산포털

親

1 종단면도

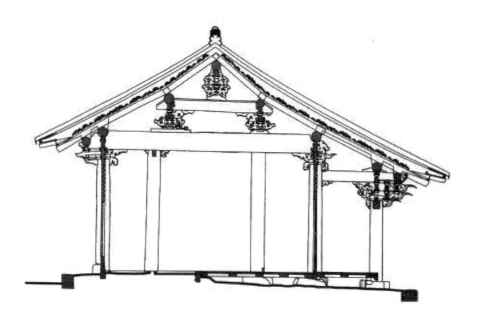

2 평면도

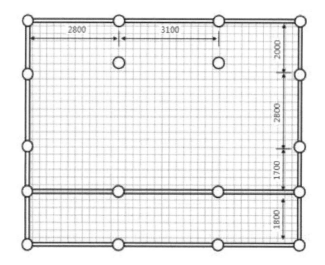

3 건축물 구성

건축 시기	1423
소재지	경기도 강화군 화도면
공포 유형	주심포식
지붕 형식	맞배지붕(단층)
평면 규모	정면3칸 측면4칸(퇴칸1칸 포함)
량가 구조	5량가
출목수	외1출목(정칸) + 외2출목(퇴칸)

처음 개창할 때는 측면 3칸이었으나 17세기 중창 시 퇴칸이 추가되었다.

뒷면의 공포는 주심포식이지만, 정면 퇴칸의 공포는 보뺄목을 짐승머리로 처리하고 살미첨차를 익공식처럼 위아래로 포개어 설치하여 17~18세기 양식을 나타낸다.

퇴칸의 살미끝은 익공식으로 처리하였고, 천장의 경우 고주칸은 우물천장, 퇴칸은 빗천장이다. 내부 고주와 중도리열이 불일치한 특징이 있다.

※ 건물별 주두 형태

굽면 곡절, 굽받침 없음	봉정사 극락전
굽면 곡절, 굽받침 있음	부석사 무량수전, 수덕사 대웅전, 강릉 객사문
굽면 사절, 굽받침 없음	나머지 대부분의 건물

4 참고 자료

은해사 거조암 영산전

은해사는 통일신라 헌덕왕 1년(809) 혜철국사가 지은 절로 처음에는 해안사라 하였다고 하며 여러 차례 있었던 화재로 많은 건물을 다시 지었는데, 지금 있는 건물들의 대부분은 근래에 세운 것들이다.

거조사는 은해사 보다 먼저 지었지만, 근래에 와서 은해사에 속하는 암자가 되어 거조암이라 부르게 되었다. 돌계단을 오르는 비교적 높은 기단 위에 소박하고 간결하게 지은 영산전은 거조암의 중심 건물이다. 고려 우왕 원년(1375)에 처음 지었으며, 석가모니불상과 526분의 석조나한상을 모시고 있다.

앞면 7칸·옆면 3칸 크기의 규모이며, 지붕은 옆면에서 보았을 때 사람 인(人)자 모양인 맞배지붕으로 꾸몄다. 지붕 처마를 받치기 위해 장식하여 짜은 구조를 기둥 위부분에만 설치한 주심포 양식이다. 특히 영산전은 고려말·조선초 주심포 양식의 형태를 충실하게 보여주고 있어 매우 중요한 문화재로 평가받고 있다.

※ 출처 : 문화재청 국가문화유산포털

1 종단면도

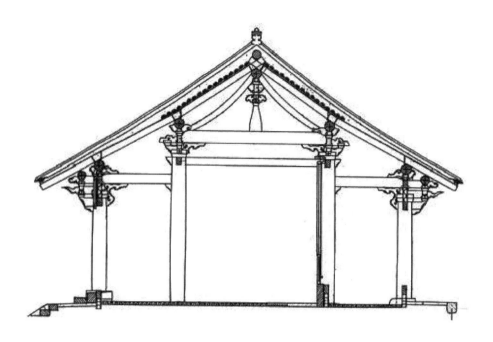

2 평면도

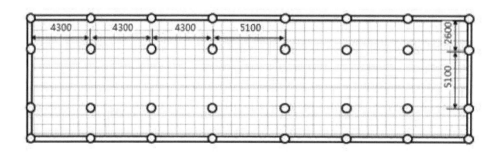

3 건축물 구성

건축 시기	14세기
소재지	경상북도 영천시 청통면 신원리
공포 유형	주심포식
지붕 형식	맞배지붕(단층)
평면 규모	정면7칸 측면3칸
량가 구조	2고주 5량가
출목수	외1출목

기둥은 배흘림이 뚜렷한 원주가 사용되었으며, 주두와 소로는 굽면이 사면이고 굽받침이 없다.

첨차의 경우 마구리는 사절, 하단은 연화두형으로 장식되어 있다. 평주에 헛첨차가 있으며 행공첨차도 구성되어 있다. 살미첨차 외단은 쇠서형이다.

주심 상에 2단으로 헛첨차를 구성하고 있으며 헛첨차 위에 네갈소로를 두어 직접 출목첨차를 받치고 있다. 마구리는 수직에 가까운 사절이며 하단은 연화두형 장식으로 구성된다.

종도리를 받치기 위해 솟을합장을 적용하였으며, 곡률(曲律)이 작은 것으로 보아 무위사 극락전보다 더 오래된 건물로 추정된다.

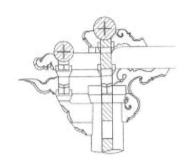

헛첨차와 출목첨차

※ 건물별 보와 도리의 관계

보가 도리를 직접 받음	부석사 조사당, 무위사 극락전
보와 도리가 분리됨	봉정사 극락전, 부석사 무량수전, 수덕사 대웅전, 강릉 객사문, 은해사 거조암 영산전

4 참고 자료

부석사 조사당

봉황산 중턱에 있는 부석사는 신라 문무왕 16년(676)에 의상대사가 왕명을 받들어 화엄의 큰 가르침을 펴던 곳이다. 무량수전 뒤에는 '부석(浮石)'이라고 새겨져 있는 바위가 있는데, 『송고승전』에 있는 설화를 보면, 의상대사가 당나라에서 유학을 마치고 귀국할 때 그를 흠모한 여인 선묘가 용으로 변해 이곳까지 따라와서 줄곧 의상대사를 보호하면서 절을 지을 수 있게 도왔다고 한다. 이곳에 숨어 있던 도적떼를 선묘가 바위로 변해 날려 물리친 후 무량수전 뒤에 내려 앉았다고 전한다. 또한 조사당 앞 동쪽 처마 아래에서 자라고 있는 나무는 의상대사가 꽂은 지팡이였다는 전설도 있다.

조사당은 의상대사의 초상을 모시고 있는 곳으로 고려 우왕 3년(1377)에 세웠고, 조선 성종 21년(1490)과 성종 24년(1493)에 다시 고쳤다.

앞면 3칸·옆면 1칸 크기로, 지붕은 옆면에서 볼 때 사람 인(人)자 모양을 한 맞배지붕으로 꾸몄다. 처마 내밀기를 길게 하기 위해 올린 공포가 기둥 위에만 있는 주심포 양식이며, 건물 자체가 작은 크기이기 때문에 세부양식이 경내에 있는 영주 부석사 무량수전(국보)보다 간결하다. 앞면 가운데 칸에는 출입문을 두었고 좌우로는 빛을 받아들이기 위한 광창을 설치해 놓았다.

※ 출처 : 문화재청 국가문화유산포털

1 종단면도

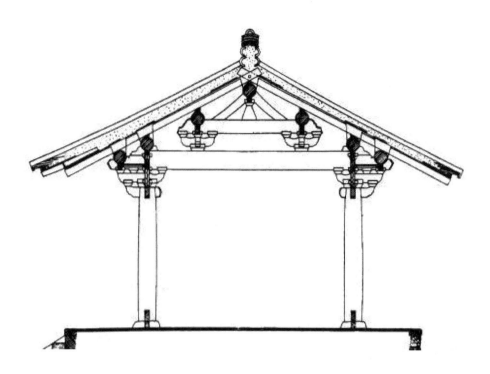

2 평면도

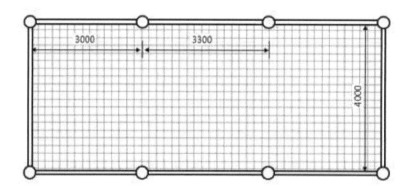

3 건축물 구성

건축 시기	1377
소재지	경상북도 영주시 부석면 북지리
공포 유형	주심포식
지붕 형식	맞배지붕(단층)
평면 규모	정면3칸 측면1칸
량가 구조	5량가
출목수	내1출목 외2출목

기단은 가구식 기단이 약식화되면서 지대석, 면석, 우주석, 탱주석, 갑석으로 이루어지는 고식(古式) 대신 허튼층 면석과 갑석만을 이용하여 약식 가구식 기단을 조성했다. 기둥은 배흘림이 뚜렷한 원주가 적용되었으며, 주두와 소로는 굽면이 사면이고 굽받침이 없다.

첨차는 마구리가 사절되어 있고 하단은 권쇄 수법[2]이 적용되었다. 살미첨차 만으로 외목도리의 장혀를 지지하고 있으며, 헛첨차는 건물 내부에서 보아지형이 아닌 살미첨차와 독립된 형태로 구성되어 있어 헛첨차의 초기 형태로 추정된다.

보가 도리를 직접 받는 구조이며, 출목은 헛첨차의 소로열과 살미첨차의 소로열이 일치하지 않는다.

종도리를 좌우로 고정하기 위해 솟을합장을 적용하였으며, 창방 뺄목은 첨차형으로 이루어져 있다. 측면 풍판이 없는 게 특징이며, 삼각형 단면의 통평고대를 사용하고 있다.

약식 가구식 기단

※ 건물별 창방 뺄목 형태

직절	봉정사 극락전
초각	수덕사 대웅전, 강릉 객사문, 송광사 국사전 및 하사당, 무위사 극락전
첨차형	부석사 조사당
없음	부석사 무량수전

2) 2단으로 휘어 들어가며 깎아낸 형태

4 참고 자료

무위사 극락전

무위사는 신라 진평왕 39년(617)에 원효대사가 관음사라는 이름으로 처음 지은 절로, 여러 차례에 걸쳐 보수공사가 진행되면서 이름도 무위사로 바뀌게 되었다.

이 절에서 가장 오래된 건물인 극락보전은 세종 12년(1430)에 지었으며, 앞면 3칸·옆면 3칸 크기 이다. 지붕은 옆면에서 볼 때 사람 인(人)자 모양인 맞배지붕으로, 지붕 처마를 받치기 위해 장식하여 짜인 구조가 기둥 위에만 있으며 간결하면서도 아름다운 조각이 매우 세련된 기법을 보여주고 있다.

극락보전 안에는 아미타삼존불과 29점의 벽화가 있었지만, 지금은 불상 뒤에 큰 그림 하나만 남아 있고 나머지 28점은 전시관에 보관하고 있다. 이 벽화들에는 전설이 전하는데, 극락전이 완성되고 난 뒤 한 노인이 나타나서는 49일 동안 이 법당 안을 들여다보지 말라고 당부한 뒤에 법당으로 들어 갔다고 한다. 49일째 되는 날, 절의 주지스님이 약속을 어기고 문에 구멍을 뚫고 몰래 들여다보자, 마지막 그림인 관음보살의 눈동자를 그리고 있던 한 마리의 파랑새가 입에 붓을 물고는 어디론가 날아가 버렸다고 한다. 그래서인지, 지금도 그림 속 관음보살의 눈동자가 없다.

이 건물은 곡선재료를 많이 쓰던 고려 후기의 건축에 비해, 직선재료를 사용하여 간결하면서 짜임새 의 균형을 잘 이루고 있어 조선 초기의 양식을 뛰어나게 갖추고 있는 건물로 주목 받고 있다.

※ 출처 : 문화재청 국가문화유산포털

1 종단면도

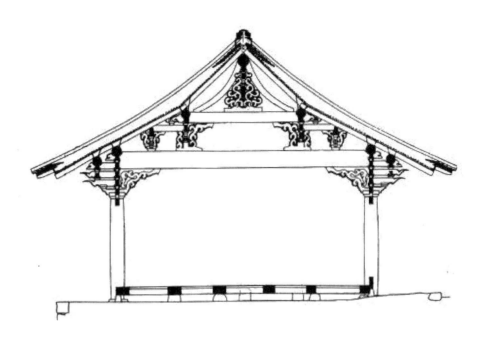

2 평면도

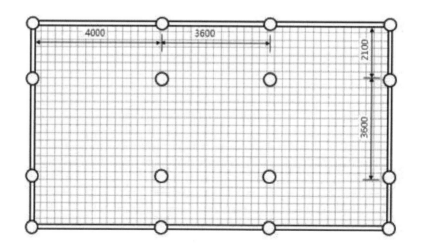

3 건축물 구성

건축 시기	1430
소재지	전라남도 강진군 성전면 월하리
공포 유형	주심포식
지붕 형식	맞배지붕(단층)
평면 규모	정면3칸 측면3칸
량가 구조	7량가
출목수	외2출목

기둥은 배흘림이 뚜렷한 원주가 적용되었으며, 주두와 소로는 굽면이 사면이고 굽받침이 없다. 살미첨차는 바깥쪽의 경우 2단의 쇠서로 구성되어 있으며, 헛첨차는 확인되지 않는다.

보뺄목의 경우 대들보 끝머리에서 두 갈래로 갈라져 도리를 받치는 특이한 모습을 보이고 있으며, 대들보는 윗쪽을 평면으로 가공하고 아랫쪽을 둥글게 다듬은 독특한 형상을 보이고 있다.(항아리보다 기법이 약화된 현상)

보가 도리를 직접 받고 있으며 하중도리는 제형도치형이다.(제형도치형 사례 : 봉정사 극락전, 수덕사 대웅전, 무위사 극락전)

하중도리와 중도리 사이에 계량을 설치하였고, 대공의 경우 파련대공과 솟을합장이 결합된 구조이다. 종도리를 받치기 위해 솟을합장을 사용하였으며, 실내 천장은 우물천장으로 구성되어 있다.

무위사 극락전 대공

무위사 극락전 대량

4 참고 자료

도갑사 해탈문

도갑사는 월출산에 있는 절로, 신라말에 도선국사가 지었다고 하며 고려 후기에 크게 번성했다고 전한다. 원래 이곳은 문수사라는 절이 있던 터로 도선국사가 어린 시절을 보냈던 곳인데, 도선이 자라 중국을 다녀온 뒤 이 문수사터에 도갑사를 지었다고 한다. 그 뒤, 수미·신미 두 스님이 조선 성종 4년(1473)에 다시 지었고, 한국전쟁 때 대부분의 건물이 불에 타 버린 것을 새로 지어 오늘에 이르고 있다.

이 절에서 가장 오래된 해탈문은 모든 번뇌를 벗어버린다는 뜻으로, 앞면 3칸·옆면 2칸 크기이며, 절의 입구에 서 있다. 좌우 1칸에는 절 문을 지키는 금강역사상이 서 있고, 가운데 1칸은 통로로 사용하고 있다. 건물 위쪽에는 도갑사의 정문임을 알리는 '월출산도갑사(月出山道岬寺)'라는 현판이 걸려 있으며, 반대편에는 '해탈문(解脫門)'이라는 현판이 걸려 있다.

영암 도갑사 해탈문은 우리 나라에서 흔하게 볼 수 없는 산문(山門)건축으로, 춘천 청평사 회전문(보물)과 비교되는 중요한 건물이다.

※ 출처 : 문화재청 국가문화유산포털

1 종단면도

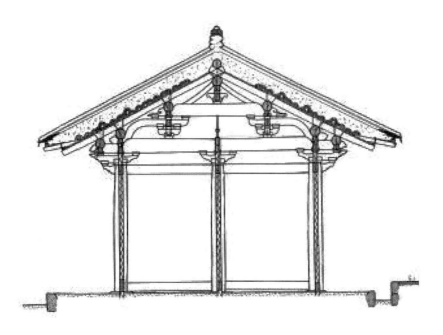

2 평면도

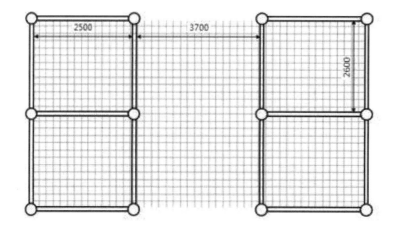

3 건축물 구성

건축 시기	1473
소재지	전라남도 영암군 군서면 도갑리
공포 유형	주심포식
지붕 형식	맞배지붕(단층)
평면 규모	정면3칸 측면2칸
량가 구조	5량가
출목수	외1출목

　기둥은 배흘림이 뚜렷한 원주이며, 주두와 소로는 굽면이 사절되었고 굽받침이 없다. 첨차는 헛첨차 위에 살미첨차가 구성되어 있으며, 살미첨차로 외목도리를 받치고 있다. 살미첨차의 내부는 보아지형으로 이루어져 있다.

　대들보 단면은 역사다리꼴이면서 모서리를 호형으로 처리했다. 종량과 주심도리를 받는 부재로 우미량이 사용되었으며 대공은 접시대공과 솟을합장이 결합된 구조이다.

　종량 위에 주두를 놓고 보 방향으로 접시모양 첨차를 올린 후 뜬장혀가 지나가고, 뜬장혀 위에 소로를 놓은 후 장혀와 종도리가 지나가는 구조이다.

접시대공(외관)

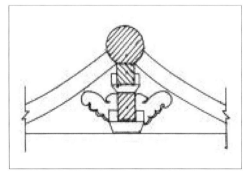

소슬합장과 접시대공

4 참고 자료

관룡사 약사전

관룡사는 신라시대 8대 사찰 중 하나로 절의 역사에 관한 뚜렷한 기록은 없다. 임진왜란 때 약사전만 남기고 다른 건물들은 모두 불에 타버렸다고 한다.

약사전은 조선 전기의 건물로 추정하며, 건물 안에는 중생의 병을 고쳐 준다는 약사여래를 모시고 있다. 규모는 앞면 1칸·옆면 1칸으로 매우 작은 불당이다. 지붕은 옆면에서 볼 때 사람 인(人)자 모양을 한 맞배지붕으로, 지붕 처마를 받치기 위해 장식하여 짠 간결한 형태는 기둥 위에만 있는 주심포 양식이다. 이와 비슷한 구성을 가진 영암 도갑사 해탈문(국보), 순천 송광사 국사전(국보)과 좋은 비교가 된다. 옆면 지붕이 크기에 비해 길게 뻗어 나왔는데도 무게와 균형을 잘 이루고 있어 건물에 안정감을 주고 있다.

몇 안 되는 조선 전기 건축 양식의 특징을 잘 보존하고 있는 건물로, 작은 규모에도 짜임새가 훌륭하여 건축사 연구에 중요한 자료로 평가받고 있다.

※ 출처 : 문화재청 국가문화유산포털

1 종단면도

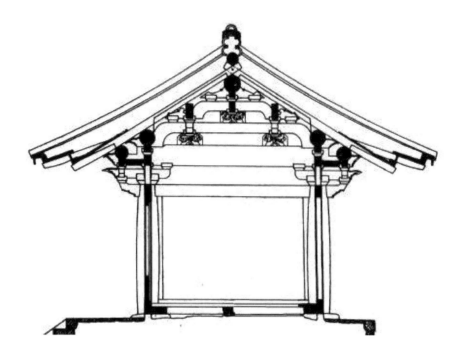

2 평면도

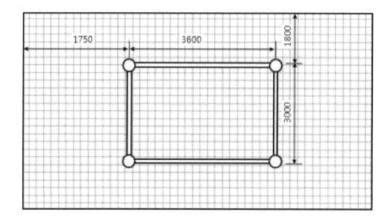

3 건축물 구성

건축 시기	16세기 초
소재지	경상남도 창녕군 창녕읍 옥천리
공포 유형	주심포식
지붕 형식	맞배지붕(단층)
평면 규모	정면1칸 측면1칸
량가 구조	5량가
출목수	외1출목

　기둥은 배흘림이 뚜렷한 원주이다. 창방 뺄목은 헛첨차형으로서 이는 주심포식의 전형적인 기법이라 할 수 있다. 창방 뺄목 위에는 외부가 쇠서형이고 내부가 교두형인 살미첨차가 놓여 있다. 대들보 양 끝단은 쇠서형으로 가공되어 두 번째 살미첨차 역할을 담당한다.

　보뺄목은 쇠서 모양으로 처리되었고, 측면 도리의 내민 부분은 제법 깊게 되어 있으며, 부석사 조사당처럼 풍판이 없다.

　대들보 위의 화반이 2중 우미량을 받치고 있으며, 외출목과 뜬창방 사이에는 순각반자가 설치되어 있다.

※ 건물별 행공첨차 형태

행공첨차 없음(단장혀)	봉정사 극락전
행공첨차 없음(통장혀)	부석사 조사당, 도갑사 해탈문
행공첨차 있음	부석사 무량수전, 수덕사 대웅전, 강릉 객사문, 무위사 극락전, 송광사 하사당/국사전, 강화 정수사 법당, 관룡사 약사전

4 참고 자료

강릉 객사문

고려시대에 지은 강릉 객사의 정문으로, 현재 객사 건물은 없어지고 이 문만 남아 있다. 객사란 고려와 조선시대 때 각 고을에 두었던 지방관아의 하나로 왕을 상징하는 나무패를 모셔두고 초하루와 보름에 궁궐을 향해 절을 하는 망궐례를 행하였으며, 왕이 파견한 중앙관리나 사신들이 묵기도 하였다.

이 객사는 고려 태조 19년(936)에 총 83칸의 건물을 짓고 임영관이라 하였는데, 문루에 걸려 있는 '임영관'이란 현판은 공민왕이 직접 쓴 것이라고 한다. 몇 차례의 보수가 있었고, 일제강점기에는 학교 건물로 이용하기도 하였다. 학교가 헐린 뒤 1967년에 강릉 경찰서가 들어서게 되고 현재는 마당에 객사문만 남아 있다. 남산의 오성정·금산의 월화정·경포의 방해정은 객사의 일부를 옮겨 지은 것이다.

문은 앞면 3칸·옆면 2칸 크기이며, 지붕은 옆면에서 볼 때 사람 인(人)자 모양을 한 맞배지붕이다. 지붕 처마를 받치기 위해 장식하여 짠 공포구조가 기둥 위에만 있는 주심포 양식으로 간결한 형태로 꾸몄다. 앞면 3칸에는 커다란 널판문을 달았으며, 기둥은 가운데 부분이 볼록한 배흘림 형태이다.

간결하고 소박하지만 세부건축 재료에서 보이는 세련된 조각 솜씨는 고려시대 건축양식의 특징을 잘 보여주고 있다.

※ 출처 : 문화재청 국가문화유산포털

1 종단면도

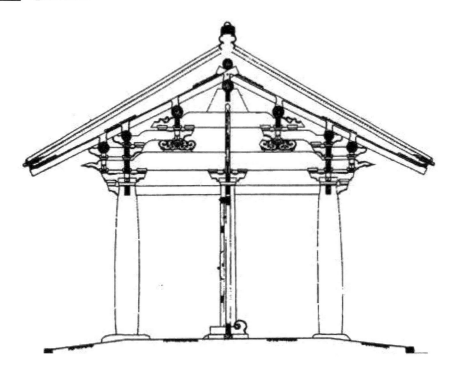

2 평면도

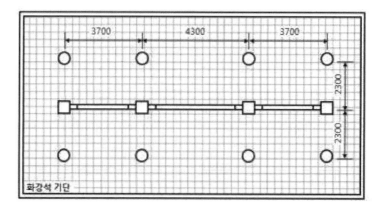

3 건축물 구성

건축 시기	14세기
소재지	강원도 강릉시 용강동
공포 유형	주심포식
지붕 형식	맞배지붕(단층)
평면 규모	정면3칸 측면2칸
량가 구조	5량가
출목수	외2출목

초석은 자연석을 이용하였으며, 기둥은 배흘림이 뚜렷한 원주이다. 주두와 소로는 굽면이 곡면이고 굽받침을 확인할 수 있다.

첨차의 경우 마구리가 사절이며 하단은 연화두형으로 장식되어 있다. 평주에는 헛첨차가 사용되었고 행공첨차 역시 확인된다.

보뺄목은 쇠서형이며, 보뺄목 위에는 운형 장식과 출목도리의 안초공 역할을 하는 초방이 설치되어 있다. 홍예초방이라 불리는 우미량은 중도리와 주심도리를 연결한다. 또한 보와 도리는 직접 결구되지 않는다.

대공은 원래 판대공이었으나 2000년 해체 수리 시 원형을 확인할 수 있게 되어 파련 조각의 초반 위에 행공과 익공을 십자로 짠 포형대공으로 복원하였다. 이에 따라 솟을합장도 이때 설치되었다.

4 참고 자료

나주향교 대성전

나주향교는 태조 7년(1398)에 세워 제사와 교육기능을 수행하다가 신학제 실시 이후로는 제사 기능만을 수행하고 있다.

대성전은 제사를 지내는 곳으로, 교육기능을 수행하는 강당인 명륜당보다 위쪽에 있는 것이 일반적이다. 하지만 나주향교는 명륜당과 대성전의 자리가 바뀌어 있는 것이 특징이다.

규모는 앞면 5칸·옆면 4칸으로 지붕은 옆면에서 볼 때 여덟 팔(八)자 모양을 한 팔작지붕이다. 지붕처마를 받치기 위해 장식하여 짜은 구조가 기둥 위에만 있는 주심포 양식인데, 기둥 사이에는 꽃모양의 받침을 만들어 위에 있는 부재를 받치고 있다. 건물 안쪽 바닥은 마루를 깔았고, 천장은 뼈대가 다 드러나는 연등천장으로 꾸몄다.

평면과 세부기법에서 조선 중기의 전형적인 향교 대성전 양식을 찾아 볼 수 있는 좋은 예이며, 서울문묘·강릉향교·장수향교와 더불어 가장 큰 규모에 속하는 중요한 향교문화재이다.

※ 출처 : 문화재청 국가문화유산포털

1 종단면도

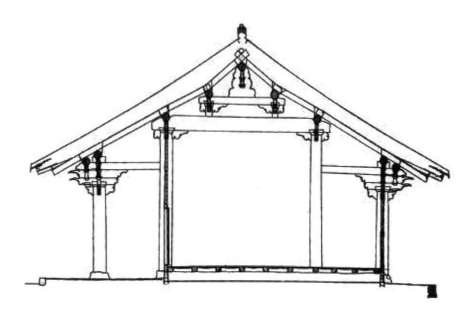

2 평면도

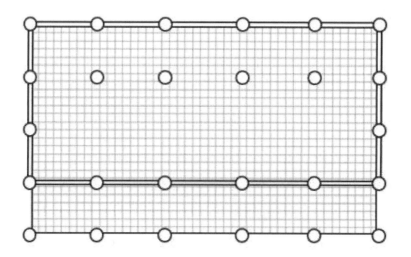

3 건축물 구성

건축 시기	조선 중기
소재지	전라남도 나주시 교동
공포 유형	주심포식
지붕 형식	팔작지붕(단층)
평면 규모	정면5칸 측면4칸
량가 구조	2고주 7량가
출목수	외1출목

  나주향교는 전면에 제향공간, 후면에 강학공간을 가진 전묘후학 구조의 공간이다.

  최초 건립은 태조7년 1398년으로 알려져 있으나 대성전은 조선 중기의 건물로 추정된다. 개방된 전퇴를 가지고 있으며 내부에는 후면에 고주 4개가 배치되어 있다.

  초석은 연화문양이 새겨진 원형 초석이며, 전체적으로 성균관과 동일한 격식의 건물로 구성되었다. 건물 측면은 충량 없이 내민보 위에 바로 연목이 설치되어 있는 구조이다.

연화문 초석

내부 천장 가구

4 참고 자료

법주사 팔상전

법주사는 신라 진흥왕 14년(553)에 인도에서 공부를 하고 돌아온 승려 의신이 처음 지은 절이다. 법주사 팔상전은 우리나라에 남아 있는 유일한 5층 목조탑으로 지금의 건물은 임진왜란 이후에 다시 짓고 1968년에 해체·수리한 것이다. 벽 면에 부처의 일생을 8장면으로 구분하여 그린 팔상도(八相圖)가 그려져 있어 팔상전이라 이름 붙였다.

※ 출처 : 문화재청 국가문화유산포털

1 종단면도

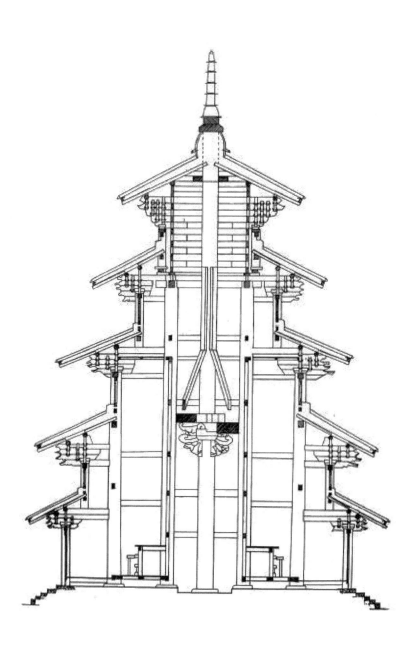

2 평면도

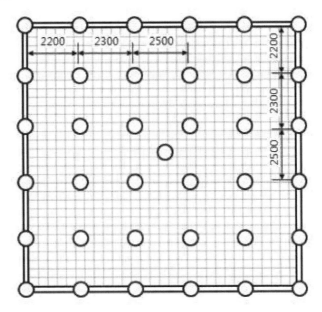

3 건축물 구성

건축 시기	1605
소재지	충청북도 보은군 속리산면
공포 유형	주심포식(1~4층), 다포식(5층)
지붕 형식	모임지붕
평면 규모	정면5칸 측면5칸

원래 3칸×3칸이던 건물을 조선 중기에 5칸×5칸으로 확장한 것으로 추정된다.

한 개의 심주와 네 개의 사천주, 열두 개의 내진주, 그리고 스무 개의 외진주로 구성된다. 어칸에서 퇴칸으로 갈수록 주간 길이가 줄어드는 특징이 있다.(8자→7자 반→7자)

장대석 3벌대 기단을 두고 있으며 동서남북 네 방향에 계단이 구성되어 있다. 초석의 크기는 심초석이 가장 크고 그 다음이 사천주 초석, 다음으로 내진주 초석, 외진주 초석의 순으로 작아진다. 심주는 4개의 부재가 길이방향으로 이음 처리되어 있으며, 사천주와 결구된 십자목 하단은 주두와 보아지로 보강하고 있다. 또한 네 방향으로 가새를 설치하여 십자목에 결구하였다. 사천주는 4층까지 올라간 후 5층의 귀틀을 받치고 있는데, 사천주 사이에는 심벽이 설치되어 있다. 심주와 사천주의 이음 방식으로는 긴촉이음과 판촉이음, 십자쌍촉이음이 사용되었다.

칸물림 구조는 1~2층과 3~4층은 반칸물림, 2~3층과 4~5층은 온칸물림으로 이루어져 있다. 중층 구조의 경우 귓보 위에 귀잡이보가 걸쳐져 있으며 귀잡이보에 상층 우주가 설치되는 구조이다. 특히 5층 중층 구조는 5층 기둥이 사천주 중심선에서 벗어나 있음을 알 수 있고, 사천주 위에 귀틀집을 설치한 후 그 위에 도리를 설치하였다. 1층과 4층의 퇴량은 도리받침장혀와 주먹장부맞춤을 하고 있다.

※ 층별 출목수와 공포

	1층	2층	3층	4층	5층
외출목수	1	2	2	2	3
공포 구조	주심포	주심포	주심포	주심포	다포
공포 모양	앙서형	앙서형	앙서형	앙서형	교두형

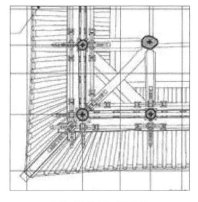

2층 중층구조(도면)

2층 중층구조(귓보와 귀잡이보)

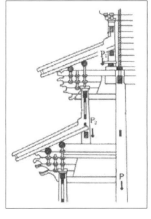

하중 전달 구조

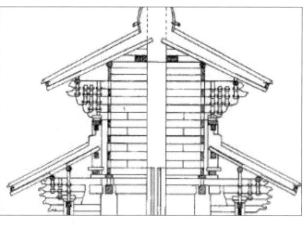

5층 중층구조

4 참고 자료

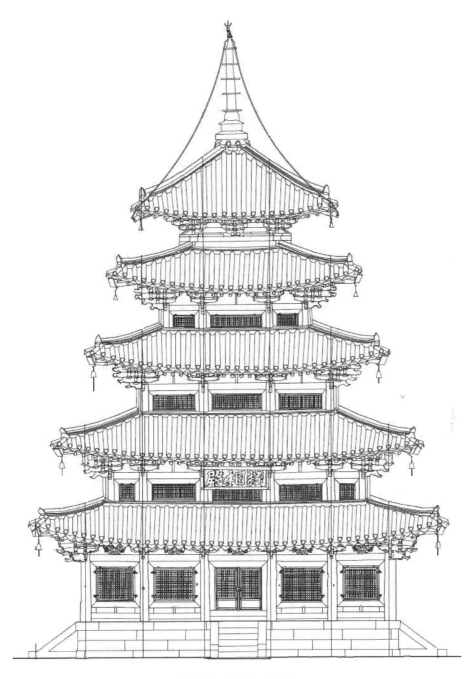

법주사 팔상전 입면도

Part

2

다포식 건축물

화암사 극락전

화암사는 불명산 시루봉 남쪽에 있는 절로 본사인 금산사에 딸린 절이다. 절을 지을 당시의 자세한 기록은 없으나 원효와 의상이 유학하고 돌아와 수도하였다는 기록으로 보아 신라 문무왕 이전에 지은 것으로 보인다.

극락정토를 상징하는 극락전은 1981년 해체·수리 때 발견한 기록에 따르면, 조선 선조 38년(1605)에 세운 것으로 되어 있다.

앞면 3칸·옆면 3칸 크기에 지붕은 옆면에서 볼 때 사람 인(人)자 모양을 한 맞배지붕으로 꾸며 소박하고 작은 규모를 보이고 있다. 지붕 처마를 받치기 위해 기둥 위부분에 장식하여 짜은 구조가 기둥 위와 기둥 사이에도 있는 다포 양식이다. 건물 안쪽 가운데칸 뒤쪽에는 관세음보살상을 모셨으며, 그 위에 지붕 모형의 닫집을 만들어 용을 조각하였다.

화암사 극락전은 우리나라에 단 하나뿐인 하앙식(下昻式) 구조이다. 하앙식 구조란 바깥에서 처마 무게를 받치는 부재를 하나 더 설치하여 지렛대의 원리로 일반 구조보다 처마를 훨씬 길게 내밀 수 있게 한 구조이다. 중국이나 일본에서는 근세까지도 많이 볼 수 있는 구조이지만 우리나라에서는 유일한 것으로 목조건축 연구에 귀중한 자료가 되고 있다.

※ 출처 : 문화재청 국가문화유산포털

1 종단면도

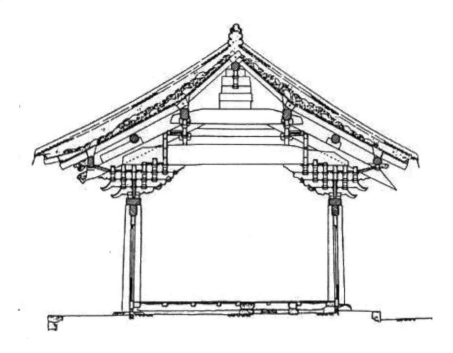

2 평면도

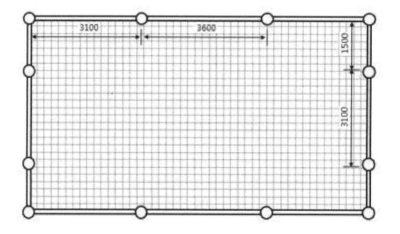

3 건축물 구성

건축 시기	1605
소재지	전라북도 완주군 경천면 가천리
공포 유형	다포식
지붕 형식	맞배지붕(단층)
평면 규모	정면3칸 측면3칸
량가 구조	5량가
출목수	외2출목 내3출목

  우리나라 유일의 하앙 구조 건축물이다. 하앙 구조란 도리 바로 아래의 하앙 부재가 처마도리와 중도리의 하중을 지렛대 형식으로 받치는 구조를 말한다. 하앙의 설치를 통해 처마깊이를 더 깊게 할 수 있어 비가 많이 오는 지역에 특히 유리하다.
  살미첨차의 외부는 앙서형 쇠서이며 내부는 연화초형으로 장식되었다.
  전면 하앙의 용두 조각은 불전의 장식화 경향이 건물 외부에 나타나기 시작하는 17세기 흐름의 첫 시작임을 알 수 있다.

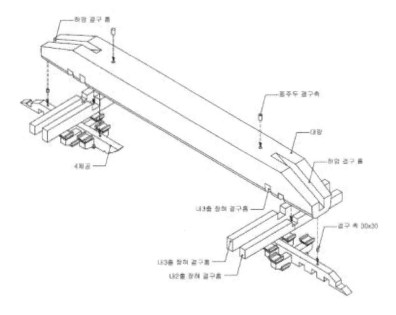

대량 결구 투시도

4 참고 자료

봉정사 대웅전

봉정사(鳳停寺)는 672년(신라 문무왕 12) 능인대사(能仁大師)에 의하여 창건되었다는 전설이 전하는데, 〈극락전 중수상량문〉등 발견된 구체적인 자료를 통해 보면 7세기 후반 능인대사에 의해 창건된 것으로 추정된다.

중심 법당인 대웅전에는 석가모니삼존상이 모셔져 있다. 1962년 해체·수리 때 발견한 기록으로 미루어 조선 전기 건물로 추정한다.

규모는 앞면 3칸·옆면 3칸이며 지붕은 옆면에서 볼 때 여덟 팔(八)자 모양을 한 팔작지붕이다. 지붕 처마를 받치기 위해 장식하여 만든 공포가 기둥 위뿐만 아니라 기둥 사이에도 있는 다포 양식인데, 밖으로 뻗친 재료의 꾸밈없는 모양이 고려말·조선초 건축양식을 잘 갖추고 있고 앞쪽에 쪽마루를 설치한 것이 특이하다.

건물 안쪽에는 단청이 잘 남아 있어 이 시대 문양을 연구하는데 중요한 자료가 되고 있으며, 건실하고 힘찬 짜임새를 잘 갖추고 있어 조선 전기 건축양식의 특징을 잘 보여주고 있다.

※ 출처 : 문화재청 국가문화유산포털

1 종단면도

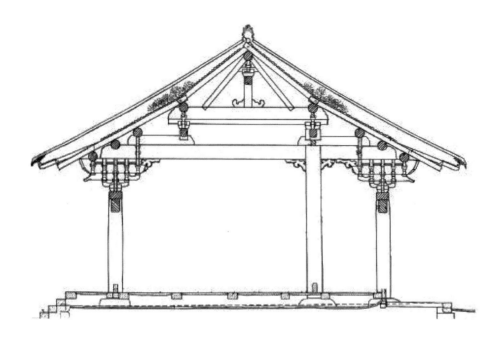

2 평면도

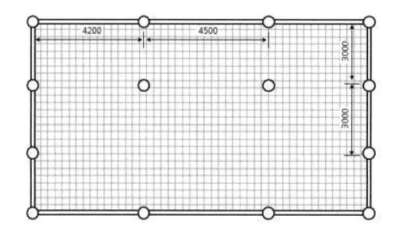

3 건물의 구성

건축 시기	13~14세기
소재지	경상북도 안동군 서후면 태장동 천등산
공포 유형	다포식
지붕 형식	팔작지붕(단층)
평면 규모	정면3칸 측면3칸
량가 구조	1고주 7량가
출목수	외2출목 내2출목

　기둥은 배흘림이 있는 원주이며 건물 전체적으로 귀솟음과 안쏠림이 적용되어 있다. 주두와 소로는 굽받침이 없고 굽면이 사절되어 있다.

　첨차는 초제공의 경우 교두형, 이제공 바깥쪽은 쇠서형, 안쪽은 교두형, 삼제공은 삼분두형이다.

　팔작지붕임에도 측면 평주와 대량을 연결하는 충량 없이 중도리는 측면 벽체까지 연장되어 있으며, 측면 중도리는 화반과 뜬창방, 합각보와 합각대공으로 지지되고 있다.

　직선으로 된 솟을합장으로 종도리를 지지하며, 정면에는 퇴칸마루가 설치된 독특한 구조이다. 내목도리와 중도리는 계량으로 연결되어 있고 추녀는 중도리 하부에 위치하여 지렛대 역할을 한다.

　건물 측면에는 주심도리가 없으며 측면 기둥열 외부에 합각면이 위치해 있다. 추녀 뒤뿌리는 중도리 받침장혀 아래에 위치해 있으며, 삼각형 단면의 통평고대를 사용하고 있는 건물이다.

공포 구성

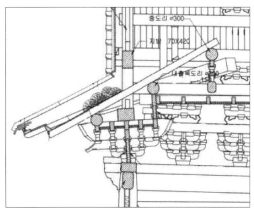

측면 중도리 지지구조

4 참고 자료

신륵사 조사당

신륵사는 봉미산 기슭에 있는 조선시대의 절로, 원래는 신라시대에 지었다고 하나 정확한 기록은 남아 있지 않다. 조사당은 절에서 덕이 높은 승려의 초상화를 모셔놓은 건물로, 신륵사 조사당에는 불단 뒷벽 중앙에 지공을, 그 좌우에는 무학과 나옹대사의 영정을 모시고 있다.

조선 전기 예종 때 지은 것으로 보이며, 낮은 기단 위에 앞면 1칸·옆면 2칸으로 세웠다. 지붕은 옆면에서 볼 때 여덟 팔(八)자 모양의 팔작지붕이다. 지붕 처마를 받치는 장식구조는 기둥 위뿐만 아니라 기둥 사이에도 있는데, 이러한 구조를 다포 양식이라 한다. 앞면은 6짝의 문을 달아 모두 개방할 수 있게 하고, 옆면은 앞 1칸만 문을 달아 출입구를 만들어 놓았다.

조선 전기의 조각 수법을 보이고 있으며 규모는 작지만 균형이 잘 잡힌 아담한 건물이다.

※ 출처 : 문화재청 국가문화유산포털

1 종단면도

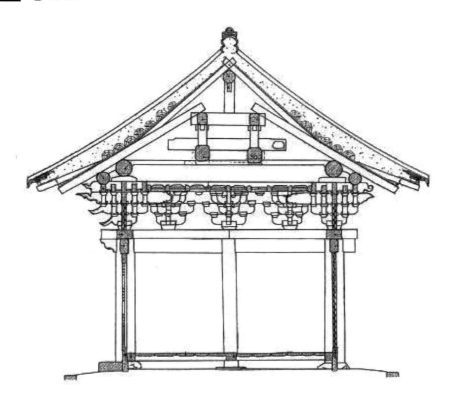

2 평면도

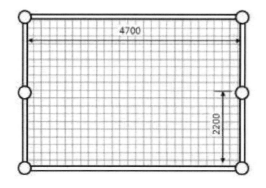

3 건축물 구성

건축 시기	1469
소재지	경기도 여주군 북내면 천송리
공포 유형	다포식
지붕 형식	팔작지붕(단층)
평면 규모	정면1칸 측면2칸
량가 구조	5량가
출목수	외2출목 내2출목

　기둥은 배흘림이 들어간 원주이며, 건물 전체적으로 귀솟음과 안쏠림이 적용되어 있다. 기단은 장대석 기단이며, 주간 포작은 정면이 4개, 측면이 1개로 비대칭적 구조이다.

　살미첨차는 바깥쪽이 앙서형, 안쪽은 마구리를 직절하고 하단은 교두형으로 마무리했다. 창방뺄목은 헛첨차와 유사한 형태이다.

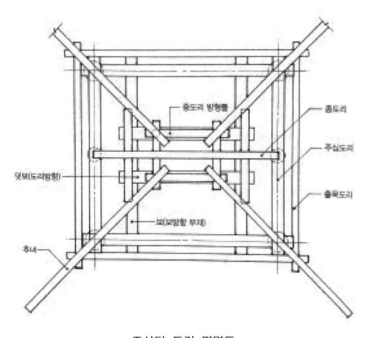

조사당 도리 평면도

4 참고 자료

관룡사 대웅전

관룡사는 통일신라시대 8대 사찰 중 하나로 많은 문화재를 보유하고 있으며, 경치가 좋기로도 유명하다. 원효가 제자 송파와 함께 이곳에서 백일기도를 드리다 갑자기 연못에서 아홉 마리의 용이 하늘로 올라가는 것을 보고, 그때부터 절 이름을 '관룡사'라 하고 산 이름을 구룡산이라 불렀다는 전설이 있다.

대웅전은 원래 석가모니불상을 모셔 놓는 것이 일반적인데, 특이하게 이 관룡사 대웅전엔 약사여래, 석가모니불, 아미타여래 세 부처님을 모시고 있다. 1965년 8월 보수공사 때, 천장 부근에서 발견한 기록에 따르면 이 건물은 조선 태종 1년(1401)에 짓고, 임진왜란 때 불타버린 것을 광해군 9년(1617)에 고쳐 세워, 이듬해에 완성했음을 알 수 있다.

앞면과 옆면이 모두 3칸 크기이며, 지붕은 옆에서 볼 때 여덟 팔(八)자 모양을 한 팔작지붕이다. 지붕 처마를 받치는 장식구조가 기둥 위 뿐만 아니라 기둥 사이에도 있는 다포 양식이다. 건물 안쪽 천장은 우물 정(井)자 모양으로 만들었는데, 가운데부분을 한층 높게 한 점이 특이하다.

※ 출처 : 문화재청 국가문화유산포털

1 종단면도

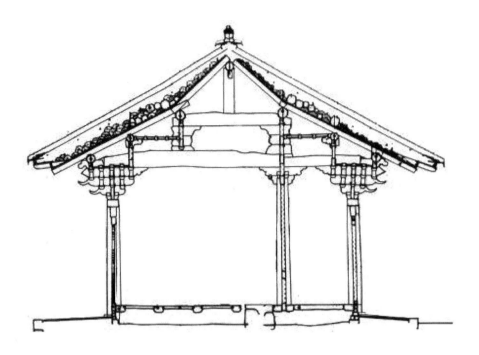

2 평면도

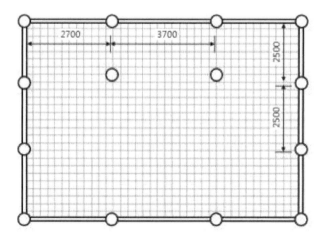

3 건축물 구성

건축 시기	1749
소재지	경상남도 창녕군 창녕읍 옥천리
공포 유형	다포식
지붕 형식	팔작지붕(단층)
평면 규모	정면3칸 측면3칸
량가 구조	1고주 5량가
출목수	외2출목 내2출목

고주를 이용해 대량의 하부를 지지하는 구조이다. 내부는 우물천장으로 장식하였으며 중앙부를 주위보다 한 층 높게 설치하였다. 기단은 장대석 기단으로 이루어져 있다.

보머리는 노출되지 않으며 내목도리와 외목도리는 있으나 주심도리는 생략되었다. 동자주를 이용하여 대공을 설치했다. 측면 기둥열 외부에 합각면이 위치한다. (봉정사 대웅전)

쇠서형 살미첨차

연등천장

4 참고 자료

마곡사 대웅보전

마곡사는 신라 선덕여왕 9년(640) 자장율사가 세웠다는 설과 신라의 승려 무선이 당나라에서 돌아와 세웠다는 두 가지 설이 전한다. 신라말부터 고려 전기까지 폐사되었던 절로 고려 명종 2년(1172) 보조국사가 절을 다시 세웠으나 임진왜란 뒤 60년 동안 다시 폐사되었다. 훗날 조선 효종 2년(1651)에 각순대사가 대웅전·영산전·대적광전 등을 고쳐 지었다고 한다.

대웅보전은 석가모니불을 모신 법당을 가리키는데 이 법당은 석가모니불을 중심으로 약사여래불·아미타불을 모시고 있다. 조선시대 각순대사가 절을 다시 일으킬 때(1651) 고쳐 지은 것이라고 한다. 규모는 1층이 앞면 5칸·옆면 4칸, 2층이 앞면 3칸·옆면 3칸이고 지붕은 옆면에서 볼 때 여덟 팔(八)자 모양을 한 팔작지붕이다. 지붕 처마를 받치기 위해 장식하여 짜은 구조가 기둥 위뿐만 아니라 기둥 사이에도 있다. 이를 다포 양식이라 하는데 밖으로 뻗쳐 나온 부재 위에 연꽃을 조각해 놓아 조선 중기 이후의 장식적 특징을 보이고 있다. 건물 2층에 걸려 있는 현판은 신라 명필 김생의 글씨라고 한다. 건물 안쪽은 우물 정(井)자 형태로 천장 속을 가리고 있는 천장을 2층 대들보와 연결하여 만들었고 마루도 널찍해 공간구성이 시원해 보인다.

조선 중기 2층 건물로 건축사 연구에 귀중한 자료가 되고 있다.

※ 출처 : 문화재청 국가문화유산포털

1 종단면도

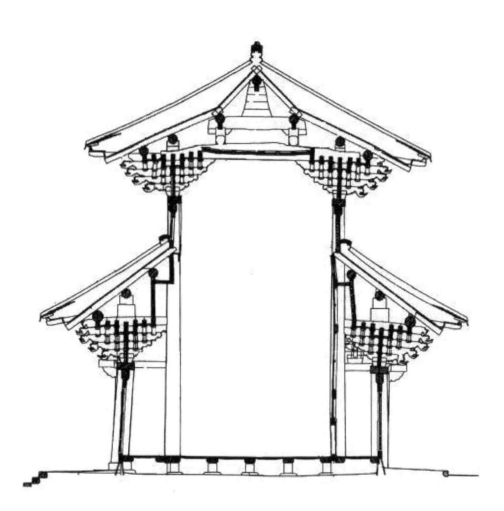

2 평면도

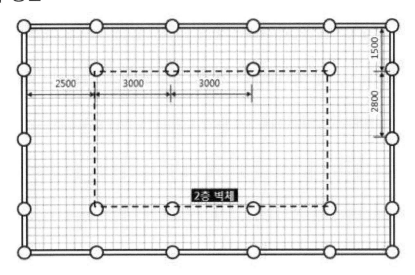

3 건축물 구성

건축 시기	17세기
소재지	충청남도 공주시 사곡면
공포 유형	다포식
지붕 형식	팔작지붕(중층)
평면 규모	[하층] 정면5칸 측면4칸, [상층] 정면3칸 측면3칸
량가 구조	5량가
출목수	[상/하층] 외3출목 내3출목

　귀고주형 온칸물림 형식으로, 하층의 귀고주가 상층의 외진주가 되는 구조이다. 귀고주형 온칸물림으로는 무량사 극락전, 전주 풍남문, 덕수궁 석어당 등이 있다.
　측면 체감의 경우 하층 가운데 평주에 걸친 충량이 대량 위에 걸치고, 전후 고주를 연결하는 대들보 위에 두 개의 상층 외진주가 위치하면서 아래 위 모두 3칸으로 구성되는 독특한 구조이다.(하층과 상층의 측면 기둥열 불일치)
　살미첨차 외측 쇠서 윗면에는 활짝 핀 연꽃을 조각하였다.
　장방형 전각 구조로 인해 하층 추녀가 45도를 이루지 못해 상하층 추녀마루선이 불일치한다. 하층 평주 기둥머리에서 내진고주로 이어지는 충방을 설치하여 가구구조를 보강하고 있다.

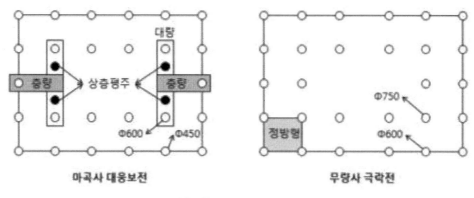

상층 측면 외진주 구성도

상층 측면 외진주 실제(左-마곡사 대웅보전, 右-무량사 극락전)

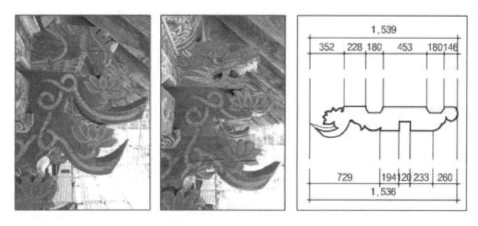

살미첨차 연꽃 조각

하층 공포   판대공

※ 정면도와 측면도

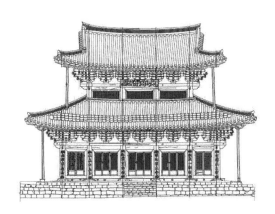

4 참고 자료

무량사 극락전

무량사는 신라 말에 범일이 세워 여러 차례 공사를 거쳤으나 자세한 연대는 전하지 않는다. 다만 신라말 고승 무염대사가 일시 머물렀고, 고려시대에 크게 다시 지었으며, 김시습이 이 절에서 말년을 보내다가 세상을 떠났다고 한다.

이 건물은 우리나라에서는 그리 흔치 않은 2층 불전으로 무량사의 중심 건물이다. 외관상으로는 2층이지만 내부에서는 아래·위층이 구분되지 않고 하나로 트여 있다. 아래층 평면은 앞면 5칸·옆면 4칸으로 기둥 사이를 나누어 놓았는데 기둥은 매우 높은 것을 사용하였다. 위층은 아래층에 세운 높은기둥이 그대로 연장되어 4면의 벽면기둥을 형성하고 있다. 원래는 그 얼마 되지 않는 낮은 벽면에 빛을 받아들이기 위한 창문을 설치했었는데 지금은 나무판 벽으로 막아놓았다.

아미타여래삼존상을 모시고 있는 이 불전은 조선 중기의 양식적 특징을 잘 나타낸 불교 건축으로서 중요한 가치를 지니고 있는 우수한 건물이다.

※ 출처 : 문화재청 국가문화유산포털

1 종단면도

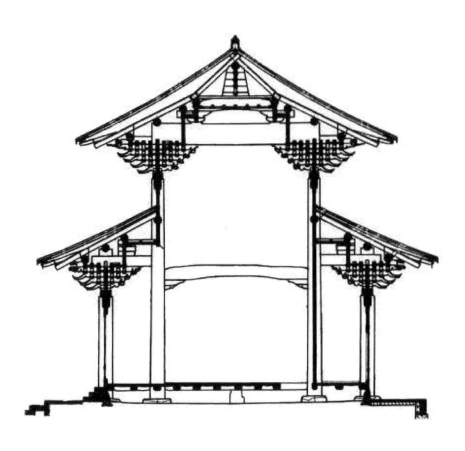

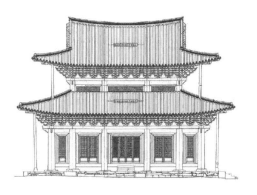

2 평면도

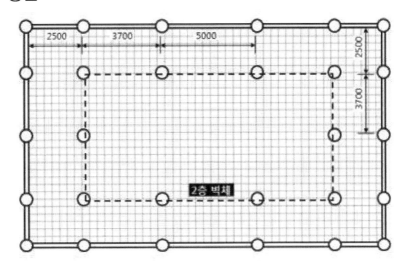

3 건축물 구성

건축 시기	조선 중기
소재지	충청남도 부여군 외산면
공포 유형	다포식
지붕 형식	팔작지붕(중층)
평면 규모	[하층] 정면5칸 측면4칸, [상층] 정면3칸 측면2칸
량가 구조	5량가
출목수	[하층] 외3출목 내3출목, [상층] 외4출목 내4출목

귀고주형 온칸물림 방식으로, 하층의 귀고주가 상층의 외진주가 되는 구조이다. 마곡사 대웅보전, 전주 풍남문, 덕수궁 석어당 등이 이에 해당한다.

정면의 가운데 칸이 좌우 칸보다 더 넓고, 상층의 출목수가 하층의 출목수보다 더 많은 게 특징이다.

하층 공포의 사제공 끝은 초화형(草花形)으로 장식되어 있어 내부의 운공 장식과 함께 조선 중기 이후의 장식화 경향을 잘 나타내 주는 사례에 해당한다.

포간거리는 4자의 정수배이며(8자-12자-16자-12자-8자), 외진평주의 직경은 1.9 자이고 내진고주는 2.5자이다.

4 참고 자료

화엄사 각황전

화엄사는 지리산 남쪽 기슭에 있는 절로 통일신라시대에 지었다고 전한다. 조선시대에는 선종대본산(禪宗大本山) 큰절이었는데, 임진왜란 때 완전히 불타버린 것을 인조 때 다시 지어 오늘에 이르고 있다.

원래 각황전터에는 3층의 장육전이 있었고 사방의 벽에 화엄경이 새겨져 있었다고 하나, 임진왜란 때 파괴되어 만여 점이 넘는 조각들만 절에서 보관하고 있다. 조선 숙종 28년(1702)에 장륙전 건물을 다시 지었으며, '각황전'이란 이름은 임금(숙종)이 지어 현판을 내린 것이라고 한다.

이 건물은 신라시대에 쌓은 것으로 보이는 돌기단 위에 앞면 7칸·옆면 5칸 규모로 지은 2층 집이다. 지붕은 옆면에서 볼 때 여덟 팔(八)자 모양인 팔작지붕으로, 지붕 처마를 받치기 위해 장식하여 짜은 구조가 기둥 위뿐만 아니라 기둥 사이에도 있는 다포 양식이라 매우 화려한 느낌을 준다. 건물 안쪽은 위·아래층이 트인 통층으로 3여래불상과 4보살상을 모시고 있다. 천장은 우물 정(井)자 모양인데, 벽쪽 사방으로 돌아가면서 경사지게 처리하였다.

화엄사 각황전은 건물이 매우 웅장하며 건축기법도 뛰어나 우수한 건축 문화재로 평가받고 있다.

※ 출처 : 문화재청 국가문화유산포털

1 종단면도

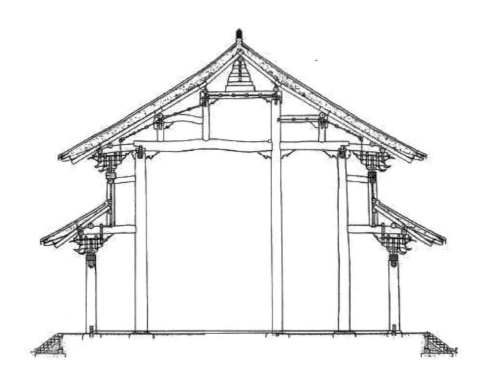

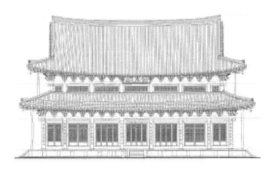

2 평면도

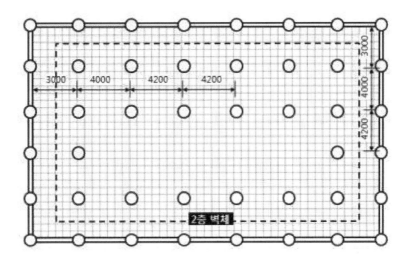

3 건축물 구성

건축 시기	1701
소재지	전라남도 구례군 마산면
공포 유형	다포식
지붕 형식	팔작지붕(중층)
평면 규모	[하층] 정면7칸 측면5칸, [상층] 정면7칸 측면5칸
량가 구조	3고주 7량가
출목수	[상/하층] 외2출목 내2출목

　귓보형 반칸물림 형식으로, 귓보 상부에 상층 우주를 설치했다. 귓보형 중층건축으로는 화엄사 각황전, 금산사 미륵전이 있다.

　내진 최고주와 내진 중고주로 이루어진 3고주 7량가 구조이며, 수직체감은 상층과 하층이 1.36 대 1의 비율로 구성되어 있다.

　하중도리는 내진고주 상부에 위치하지 않고 내진칸 안쪽에서 맞보와 충량 상부에서 동자주로 지지된다. 종도리 대공에 3중 장혀를 설치하여 중층을 보강하고 있으며 합각부는 종도리와 상중도리 뺄목으로 지지하여 대규모 합각부를 형성하고 있다.

　살미첨차는 강직하지 않고 섬약한 기운의 앙서형이 사용되었는데, 이는 조선중기 이후의 일반적인 양식이다.

4 참고 자료

금산사 미륵전

모악산에 자리한 금산사는 백제 법왕 2년(600)에 지은 절로 신라 혜공왕 2년(766)에 진표율사가 다시 지었다.

미륵전은 정유재란 때 불탄 것을 조선 인조 13년(1635)에 다시 지은 뒤 여러 차례의 수리를 거쳐 오늘에 이르고 있다. 거대한 미륵존불을 모신 법당으로 용화전·산호전·장륙전이라고도 한다. 1층에는 '대자보전(大慈寶殿)', 2층에는 '용화지회(龍華之會)', 3층에는 '미륵전(彌勒殿)'이라는 현판이 걸려 있다.

1층과 2층은 앞면 5칸·옆면 4칸이고, 3층은 앞면 3칸·옆면 2칸 크기로, 지붕은 옆면에서 볼 때 여덟 팔(八)자 모양인 팔작지붕이다. 지붕 처마를 받치기 위해 장식한 구조가 기둥 위뿐만 아니라 기둥 사이에도 있는 다포 양식이다. 지붕 네 모서리 끝에는 층마다 모두 얇은 기둥(활주)이 지붕 무게를 받치고 있다.

건물 안쪽은 3층 전체가 하나로 터진 통층이며, 제일 높은 기둥을 하나의 통나무가 아닌 몇 개를 이어서 사용한 것이 특이하다. 전체적으로 규모가 웅대하고 안정된 느낌을 준다.

※ 출처 : 문화재청 국가문화유산포털

1 종단면도

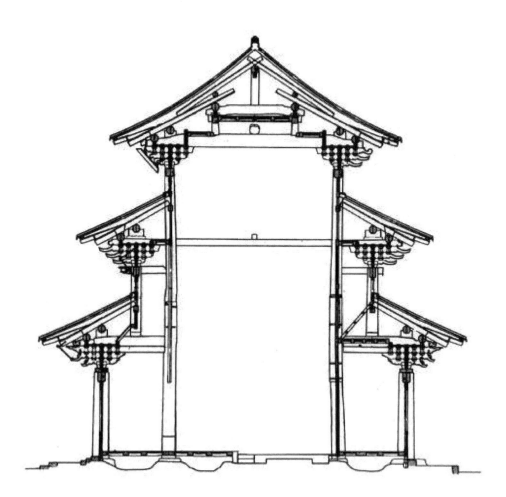

2 평면도

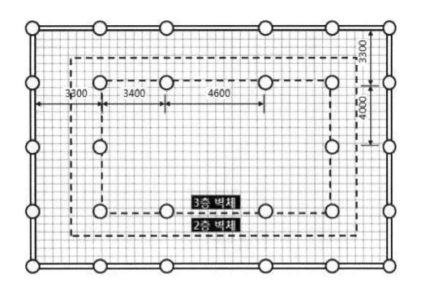

3 건축물 구성

건축 시기	1635
소재지	전라북도 김제시 금산면
공포 유형	다포식
지붕 형식	팔작지붕(삼층)
평면 규모	[1층/2층] 정면5칸 측면4칸, [3층] 정면3칸 측면2칸
량가 구조	2고주 7량가
출목수	[1층/2층/3층] 외2출목 내2출목

귓보형 반칸/온칸물림 방식으로, 귓보 상부에 상층 우주를 설치한 구조다. 이때 2층은 반칸물림, 3층은 온칸물림인 점에 유의한다. 귓보형 중층 건물로는 화엄사 각황전, 금산사 미륵전 등이 있다.

2층과 3층에는 평방이 없고, 1층과 2층, 3층에는 내목도리를 확인할 수 없다. 1층 툇보 아래에는 합성보를 사용하였으며, 2층에는 충방을 사용하였다.

내진고주는 긴촉이음과 판촉이음을 적용하였으며(철물, 띠쇠 보강) 별창방은 2층 정칸에서 전후면 고주를 연결하고 있다.

※ 주심포와 주간포

	주심포	주간포
3층		
2층		
1층		

※ 정면도와 측면도

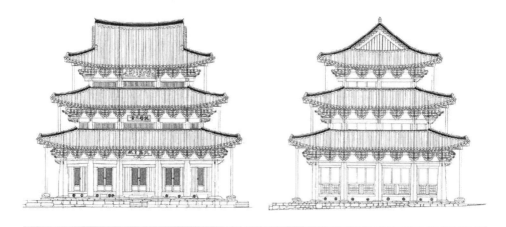

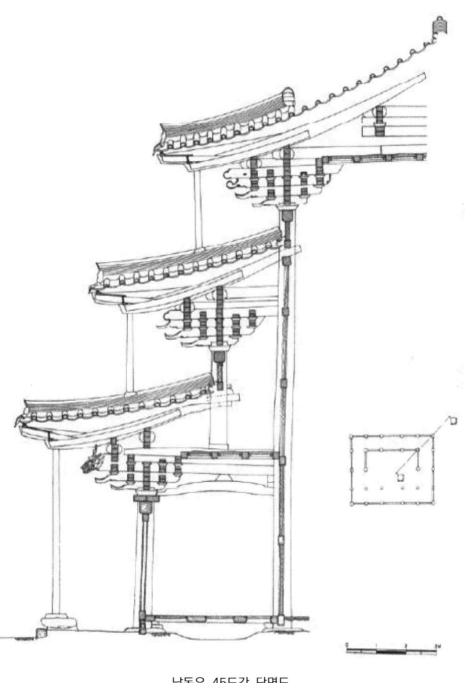

남동우 45도각 단면도

4 참고 자료

법주사 대웅보전

속리산 기슭에 있는 법주사는 신라 진흥왕 14년(553)에 처음 지었고, 혜공왕 12년(776)에 다시 지었다. 임진왜란으로 모두 불탄 것을 인조 2년(1624)에 벽암이 다시 지었으며 그 뒤 여러 차례 수리를 거쳐 오늘에 이르고 있다.

대웅전은 앞면 7칸·옆면 4칸 규모의 2층 건물로, 지붕은 옆에서 볼 때 여덟 팔(八)자 모양을 한 팔작지붕이다. 지붕 처마를 받치기 위해 장식하여 만든 공포는 기둥 위와 기둥 사이에도 있는 다포 양식이다. 내부에 모신 삼존불은 벽암이 다시 지을 때 조성한 것으로 가운데에 법신(法身)인 비로자나불, 왼쪽에 보신(報身)인 노사나불, 오른쪽에 화신(化身)인 석가모니불이 있다.

이 건물은 무량사 극락전, 화엄사 각황전과 함께 우리나라 3대불전(佛典) 중 하나이다.

※ 출처 : 문화재청 국가문화유산포털

1 종단면도

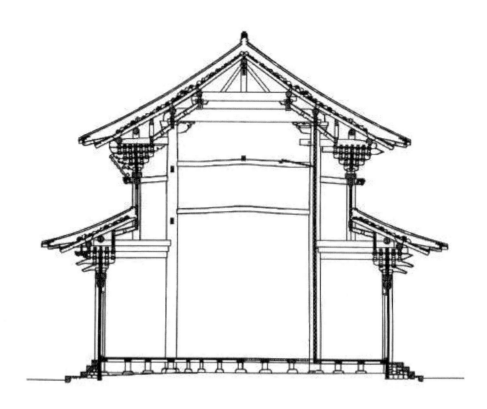

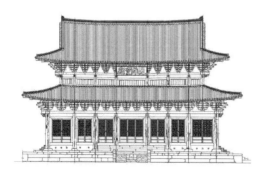

2 평면도

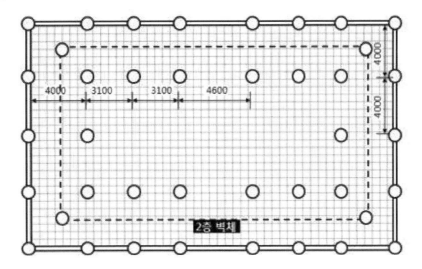

3 건축물 구성

건축 시기	1624
소재지	충청북도 보은군 속리산면
공포 유형	다포식
지붕 형식	팔작지붕(중층)
평면 규모	[하층] 정면7칸 측면4칸, [상층] 정면7칸 측면4칸
량가 구조	2고주 7량가
출목수	[하층] 외2출목 내2출목, [상층] 외3출목 내3출목

　귀잡이보형 반칸물림 방식으로, 귀잡이보 상부에 상층 우주가 설치되고 귀잡이보 하부에 귓기둥이 설치되는 구조다.

　수직체감은 상층과 하층이 1.08 대 1로 구성되어 있으며 퇴칸(13자)이 협칸(10자)보다 더 크다. 충량이 없어 도리 형태의 별재를 이용하여 상층 서까래를 지지한다.

　상층 평주는 하층 툇보 중앙에 위치하며, 합각부는 중도리와 상중도리, 종도리 뺄목을 연장하여 고정하고 있다. 상층 평주와 고주를 연결하는 충방을 설치하였다.

　종도리는 부석사 무량수전과 같이 소슬대공으로 지지되는 구조이다.

　하층 평주와 고주는 은촉으로 결합된 상하 이중 퇴보인 합성보로 연결되어 있고 전후면 내진 고주를 연결하는 상하 2열의 별창방이 설치되어 있다.

귀잡이보 하부 귓기둥 　　　　　　　　하층 툇보

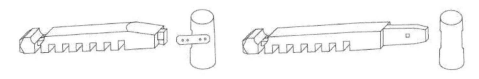

상층 퇴보(左-내림주먹장맞춤, 右-통맞춤)

※ 공포 구성도

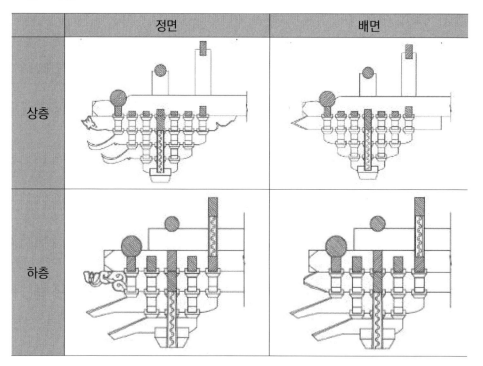

	정면	배면
상층		
하층		

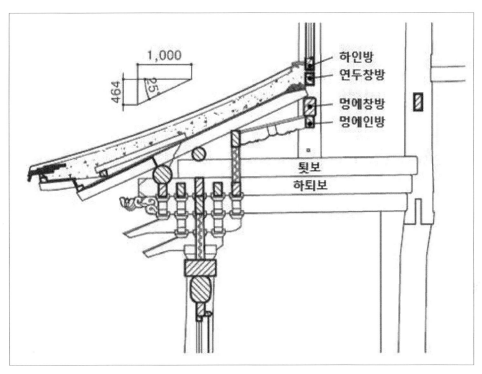

하층 공포 및 가구부

※ 중층 건물의 내외 출목수 특징

내출목수 = 외출목수	마곡사 대웅보전, 금산사 미륵전, 화엄사 각황전, 법주사 대웅보전, 무량사 극락전 → 조선 중기 중층 전각
내출목수 〉 외출목수	경복궁 근정전, 창덕궁 인정전 → 조선 후기 중층 전각

※ 중층 건물의 구조에 따른 분류

형식		사례
온칸물림		마곡사 대웅보전, 무량사 극락전, 전주 풍남문, 덕수궁 석어당
반칸물림	귀고주형	경복궁 근정전, 창덕궁 인정전, 숭례문, 흥인지문
	귓보형	화엄사 각황전, 금산사 미륵전
	귀잡이보형	법주사 대웅보전, 팔달문, 경복궁 근정문, 창덕궁 돈화문, 창경궁 홍화문

4 참고 자료

경복궁 근정전

경복궁 근정전은 조선시대 법궁인 경복궁의 중심 건물로, 신하들이 임금에게 새해 인사를 드리거나 국가의식을 거행하고 외국 사신을 맞이하던 곳이다.

태조 4년(1395)에 지었으며, 정종과 세종을 비롯한 조선 전기의 여러 왕들이 이곳에서 즉위식을 하기도 하였다. '근정'이란 이름은 천하의 일은 부지런하면 잘 다스려진다는 의미를 담고 있는 것으로, 정도전이 지었다. 지금 있는 건물은 임진왜란 때 불탄 것을 고종 4년(1867) 다시 지은 것이다.

앞면 5칸·옆면 5칸 크기의 2층 건물로 지붕은 옆면에서 볼 때 여덟 팔(八)자 모양인 팔작지붕이다. 지붕 처마를 받치기 위해 장식하여 짜여진 구조가 기둥 위뿐만 아니라 기둥 사이에도 있는 다포식 건물이며 그 형태가 화려한 모습을 띠고 있다. 건물의 기단인 월대의 귀퉁이나 계단 주위 난간기둥에 훌륭한 솜씨로 12지신상을 비롯한 동물상들을 조각해 놓았다.

건물 내부는 아래·위가 트인 통층으로 뒷편 가운데에 임금의 자리인 어좌가 있다. 어좌 뒤에는 '일월오악도'병풍을 놓았고, 위는 화려한 장식으로 꾸몄다.

※ 출처 : 문화재청 국가문화유산포털

1 종단면도

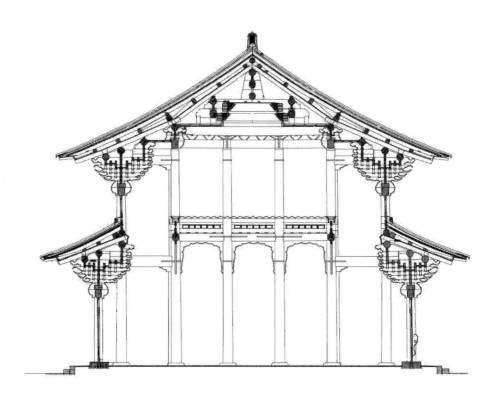

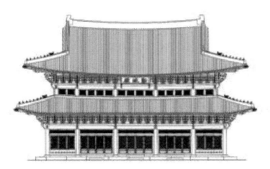

2 평면도

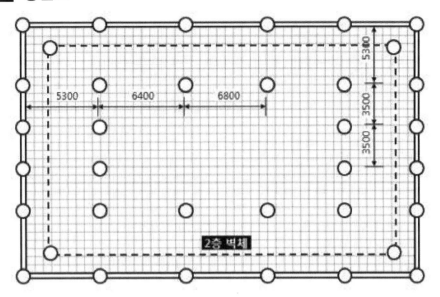

3 건축물 구성

건축 시기	1867
소재지	서울특별시 종로구 세종로
공포 유형	다포식
지붕 형식	팔작지붕(중층)
평면 규모	[하층] 정면5칸 측면5칸, [상층] 정면5칸 측면5칸
량가 구조	2고주 7량가
출목수	[하층] 외3출목 내4출목, [상층] 외3출목 내4출목

귀고주형 반칸물림 방식으로, 귀고주가 바로 상층 우주가 되며 귀고주와 내진우주 사이에 귓보가 연결되는 구조이다. 귀고주 형식으로는 경복궁 근정전, 창덕궁 인정전, 숭례문, 흥인지문이 있다.

내목도리열이 상층 평주열과 일치하며(하층 툇보 위에 상층 평주 설치), 멍에창방이 없이 내목도리가 측면 서까래를 지지한다. 기둥을 보강하기 위해 주선을 설치하였으며, 종도리 아래에는 뜬창방이 2개 설치되어 있다.

주장첨차를 사용하고 있으며, 안초공은 초제공 하부를 지지한다. 추녀 하부에는 알추녀가 사용되었고 추녀 뒤뿌리는 귀고주에 장부맞춤한 후 산지로 고정하였다.

4 참고 자료

창덕궁 인정전

인정전은 창덕궁의 정전이다.

'인정(仁政)'은 '어진정치'라는 뜻이며, 인정전은 창덕궁의 법전(法殿)이 된다. 법전은 왕의 즉위식을 비롯하여 결혼식, 세자책봉식 그리고 문무백관의 하례식 등 공식적인 국가 행사 때의 중요한 건물이다.

광해군 때 중건된 이후 순조 3년(1803)에 일어난 화재로 인한 재건, 그리고 철종 8년(1857년)에 보수공사이후 지금에 이르고 있다.

인정전의 넓은 마당은 조회가 있었던 뜰이란 뜻으로 조정(朝廷)이라고 부른다. 삼도 좌우에 늘어선 품계석은 문무백관의 위치를 나타내는 표시로 문무관으로 각각 18품계를 새겼다. 그러나 정(正)4품 부터는 종(從)을 함께 포함시켰으므로 정1품에서 시작하여 정9품으로 끝나며 각각 동, 서로 12개씩 있다.

※ 출처 : 문화재청 국가문화유산포털

1 종단면도

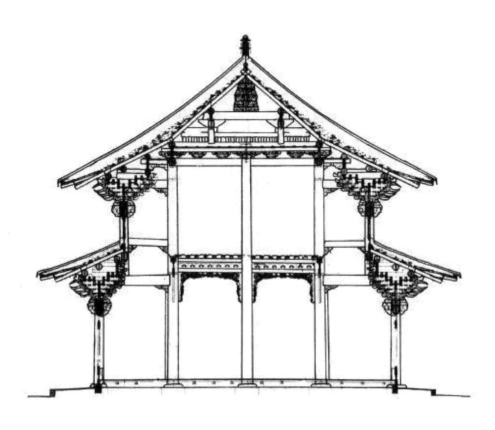

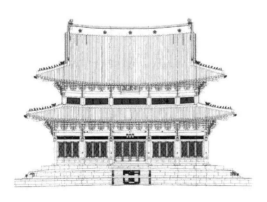

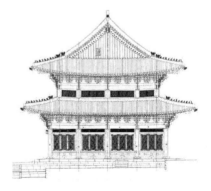

2 평면도

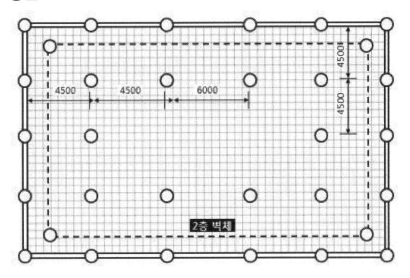

3 건축물 구성

건축 시기	1804
소재지	서울특별시 종로구 와룡동
공포 유형	다포식
지붕 형식	팔작지붕(중층)
평면 규모	[하층] 정면5칸 측면4칸, [상층] 정면5칸 측면4칸
량가 구조	2고주 7량가
출목수	[하층] 외3출목 내4출목, [상층] 외3출목 내4출목

귀고주형 반칸물림 방식으로, 귀고주가 바로 상층 우주가 되며, 귀고주와 내진우주 사이에 귓보가 연결되는 구조이다. 귀고주 형식으로는 경복궁 근정전, 창덕궁 인정전, 숭례문, 흥인지문이 있다.

기둥은 배흘림이 없는 원주이며, 2단의 월대 높이가 낮고 난간도 없어 경복궁 근정전에 비해 소박한 특징을 가진다.

살미첨차의 바깥쪽은 앙서형이며 안쪽은 운궁형으로 장식되어 있다. 기둥머리의 안초공이 살미첨차를 받치고 있는 구조이다.

내목도리열이 상층 평주열과 불일치하고, 하층 연목을 받치기 위해 멍에창방이 사용되었다.

4 참고 자료

경복궁 근정문

근정문은 경복궁의 중심 건물인 근정전의 남문으로 좌우에 행각이 둘러싸고 있다. 조선시대 태조 4
년(1395) 경복궁을 세울 때 함께 지었으나 임진왜란으로 불에 타 버렸다. 지금 있는 건물은 고종 4
년(1867) 경복궁을 다시 지으면서 새로 만든 것이다.
근정문은 앞면 3칸·옆면 2칸의 2층 건물로, 지붕은 앞면에서 볼 때 사다리꼴을 한 우진각지붕이다.
지붕 처마를 받치기 위해 장식하여 만든 공포는 기둥 위뿐만 아니라 기둥 사이에도 있다. 이를 다
포 양식이라 하며 밖으로 뻗쳐 나온 부재들의 형태가 날카롭고 곡선을 크게 그리고 있어 조선 후기
의 일반적인 수법을 나타내고 있다.
행각은 근정전의 둘레를 직사각형으로 둘러 감싸고 있는데, 양식과 구조는 간결하게 짜여 있으며 남
행각이 연결되는 곳에 일화문(日華門)과 월화문(月華門)이 있고 북측으로는 사정문(思政門)이 있어서
사정전과 연결된다. 동·서쪽으로는 각각 밖으로 돌출한 융문루(隆文樓)·융무루(隆武樓)가 있다. 벽에
만든 창의 형태는 사각형의 모서리를 사선으로 처리한 것이 특이하다.

※ 출처 : 문화재청 국가문화유산포털

1 종단면도

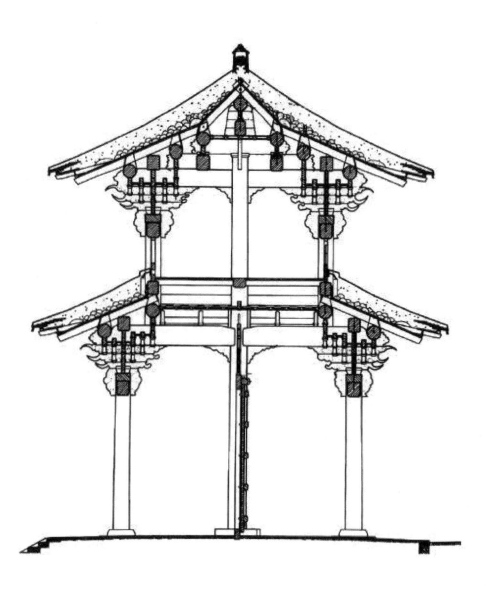

2 평면도

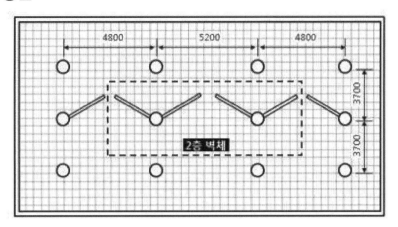

3 건축물 구성

건축 시기	1867
소재지	서울특별시 종로구 세종로
공포 유형	다포식
지붕 형식	우진각지붕(중층)
평면 규모	[상/하층] 정면3칸 측면2칸
량가 구조	1고주 5량가
출목수	[하층] 외2출목 내3출목, [상층] 외2출목 내2출목

귀잡이보형 반칸물림 방식이며, 정면 주간포와 측면 주간포 사이에 귀잡이보가 설치되어 있다. 하층 내목열에 상층 평주가 설치된 맞보 구조이다.

하층에서는 고주에 대들보를 맞보로 걸고, 하층 대들보 위에 상층 평주를 설치하여 그 위에 상층 고주와의 사이에 상층 대들보를 맞보구조로 설치했다.

보가 외목도리를 직접 받는 구조이며, 측면 상층 평주와 상층 고주 사이에는 측량이 놓이고, 그 위에 중도리 뜬창방이 외기도리를 받고 있다. 상층에 비해

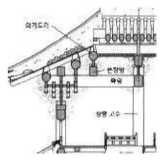

외기도리 지지 구조

하층의 층고가 높고 상층으로 올라가는 계단은 하층 외부에 설치되어 있다.

대부분의 건물이 정방형의 전각부를 가지는 것과 달리 장방형의 전각부를 가진다.(동일 사례 : 마곡사 대웅보전)

4 참고 자료

창덕궁 돈화문

돈화문은 창덕궁의 정문이다.

'돈화(敦化)'라는 말은 원래 중용에서 인용한 것으로 '공자의 덕을 크게는 임금의 덕에 비유할 수 있다'는 표현으로 여기에서는 의미가 확장되어 '임금이 큰 덕을 베풀어 백성들을 돈독하게 교화한다'는 뜻으로 쓰인 것이다. 돈화문은 현존하는 궁궐의 대문 중에서 가장 오래된 목조 건물로, 1412년 5월에 세워졌으며, 1609년(광해원년)에 중수(重修)했다고 한다.

돈화문에는 원래 현판이 없다가 성종 때 서거정에게 분부하여 이름을 지어서 걸게 하였다.

2층 문루에는 종과 북이 있어 정오(正午)와 인정(人定), 파루(罷漏)에 시각을 알려주었다고 한다.

정오를 알리기 위해 북을 치는데 이것을 오고(午鼓)라고 하며, 인정은 통행금지를 알리기 위해 28번 종을 치는 것이고, 파루는 통행금지 해제를 알리기 위해 33번의 종을 치는 것을 말한다.

돈화문은 정면 5칸 측면 2칸의 남향 건물이고, 좌우 협칸을 벽체로 막아 3문형식 이다. 중앙은 어문으로 왕의 전용 문이고, 좌우문은 당상관이상 높은 관료가 드나들던 문이지만, 3사(三司:홍문관, 사헌부, 사간원)의 언관은 관직은 낮아도 좌우 문을 드나들게 한 특별한 혜택이 있었다.

※ 출처 : 문화재청 국가문화유산포털

1 종단면도

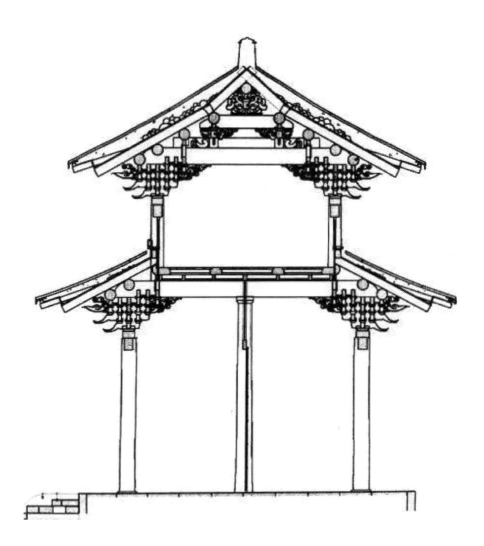

2 평면도

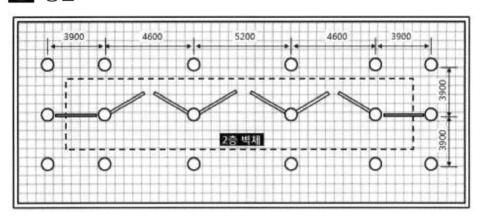

3 건축물 구성

건축 시기	1609
소재지	서울특별시 종로구 와룡동
공포 유형	다포식
지붕 형식	우진각지붕(중층)
평면 규모	[상/하층] 정면5칸 측면2칸
량가 구조	1고주 5량가
출목수	[상/하층] 외2출목 내3출목

　귀잡이보형 반칸물림 방식으로, 전면과 측면의 간포와 간포 사이에 귀잡이보가 설치되어 있다. 정면 5칸 중 중앙의 3칸은 문을 달았으나 좌우 양쪽 끝칸과 측면의 앞 절반은 모두 벽을 쳐서 막아놓았다.
　협칸과 퇴칸의 경우 심고주가 상층까지 설치되어 있어 하층에서는 맞보 구조로 연결되어 있고 상층은 대량을 받치고 있다. 반면 어칸의 경우 좌우 고주는 하층에서 끝나 하층 대량을 받치고 있다. 하층 내목도리열이 상층 기둥열과 일치하며, 어칸은 대량 상부에, 협칸과 퇴칸은 맞보 상부에 상층 평주가 설치되어 있다.
　상층 측면 중앙기둥에서 내부 대량에 충량을 설치하고 그 위에 외기도리를 설치함으로써, 맞보로 외기도리를 지지하는 근정문과는 다른 형식을 보인다.

119

4 참고 자료

숭례문

조선시대 한양도성의 정문으로 남쪽에 있다고 해서 남대문이라고도 불렀다. 현재 서울에 남아 있는 목조 건물 중 가장 오래된 것으로 태조 5년(1396)에 짓기 시작하여 태조 7년(1398)에 완성하였다. 이 건물은 세종 30년(1448)에 고쳐 지은 것인데 1961~1963년 해체·수리 때 성종 10년(1479)에 도 큰 공사가 있었다는 사실이 밝혀졌다. 이후, 2008년 2월 10일 숭례문 방화 화재로 누각 2층 지붕이 붕괴되고 1층 지붕도 일부 소실되는 등 큰 피해를 입었으며, 5년 2개월에 걸친 복원공사 끝에 2013년 5월 4일 준공되어 일반에 공개되고 있다.

이 문은 돌을 높이 쌓아 만든 석축 가운데에 무지개 모양의 홍예문을 두고, 그 위에 앞면 5칸·옆면 2칸 크기로 지은 누각형 2층 건물이다. 지붕은 앞면에서 볼 때 사다리꼴 형태를 하고 있는데, 이러한 지붕을 우진각지붕이라 한다. 지붕 처마를 받치기 위해 기둥 위부분에 장식하여 짠 구조가 기둥 위뿐만 아니라 기둥 사이에도 있는 다포 양식으로, 그 형태가 곡이 심하지 않고 짜임도 건실해 조선 전기의 특징을 잘 보여주고 있다.

『지봉유설』의 기록에는 '숭례문'이라고 쓴 현판을 양녕대군이 썼다고 한다. 지어진 연대를 정확히 알 수 있는 서울 성곽 중에서 제일 오래된 목조 건축물이다.

※ 출처 : 문화재청 국가문화유산포털

1 종단면도

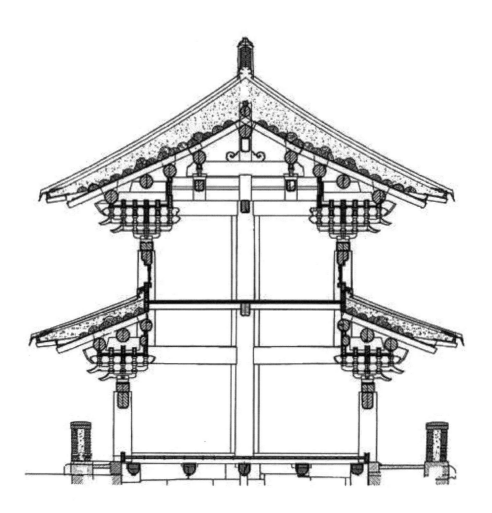

2 평면도

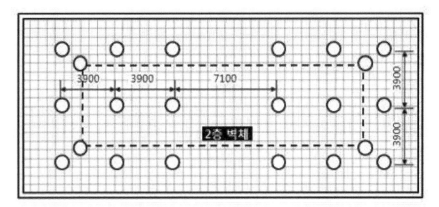

3 건축물 구성

건축 시기	1794
소재지	서울특별시 중구 세종대로
공포 유형	다포식
지붕 형식	우진각지붕(중층)
평면 규모	[상/하층] 정면5칸 측면2칸
량가 구조	1고주 5량가
출목수	[하층] 외2출목 내2출목, [상층] 외3출목 내2출목

　귀고주형 반칸물림 구조로, 귀고주에서 심고주로 귓보가 설치되고 하층 내목도리 열에 상층 평주열이 설치된다. 상층 추녀는 중도리 왕지 상부 동자주와 종도리 동자주에 서로 분리되어 결구되어 있으며 하층 추녀는 귀고주에 장부맞춤으로 연결된다. 내부 고주에 맞보 형식으로 상하층 대들보가 결구되고, 상층 대들보 위에 계량을 설치하여 가구부를 보강한다.(계량 위 종보 설치)

　상층 창방은 T자형이며, 보뺄목은 삼분두로 마무리하였다. 내목도리가 멍에창방의 역할을 하고 있으며 상층 귀고주에서 심고주에 귓보가 설치되어 있다. 창방은 처짐을 고려하여 하층이 상층보다, 어칸이 협퇴칸보다 크게 구성된다.

　앙곡은 하층(2.4자)보다 상층(3.4자)이 더 크며, 상층에 여닫이 판문을 설치하고 내부 고주에 주선을 설치하였다. 중도리와 중도리열에 뜬창방을 설치하여 구조를 보강하였고, 흥인지문과 팔달문과는 달리 하층 맞보와 심고주가 만나는 지점에는 보아지를 미사용하였다. 원래 주심도리는 없었으나 2013년 보수 시 추가한 것이다.

4 참고 자료

흥인지문

서울 성곽은 옛날 중요한 국가시설이 있는 한성부를 보호하기 위해 만든 도성(都城)으로, 흥인지문은 성곽 8개의 문 가운데 동쪽에 있는 문이다. 흔히 동대문이라고도 부르는데, 조선 태조 5년(1396) 도성 축조때 건립되었으나 단종 원년(1453)에 고쳐 지었고, 지금 있는 문은 고종 6년(1869)에 새로 지은 것이다.

앞면 5칸·옆면 2칸 규모의 2층 건물로, 지붕은 앞면에서 볼 때 사다리꼴모양을 한 우진각 지붕이다. 지붕 처마를 받치기 위해 장식하여 만든 공포가 기둥 위뿐만 아니라 기둥 사이에도 있는 다포 양식인데, 그 형태가 가늘고 약하며 지나치게 장식한 부분이 많아 조선 후기의 특징을 잘 나타내주고 있다. 또한 바깥쪽으로는 성문을 보호하고 튼튼히 지키기 위하여 반원 모양의 옹성(甕城)을 쌓았는데, 이는 적을 공격하기에 합리적으로 계획된 시설이라 할 수 있다.

흥인지문은 도성의 8개 성문 중 유일하게 옹성을 갖추고 있으며, 조선 후기 건축 양식을 잘 나타내고 있다.

※ 출처 : 문화재청 국가문화유산포털

1 종단면도

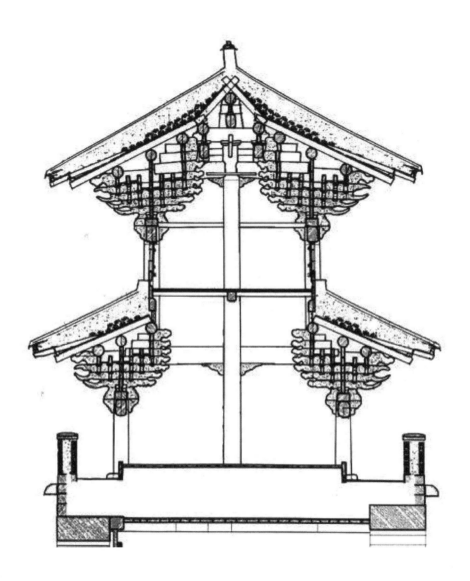

2 평면도

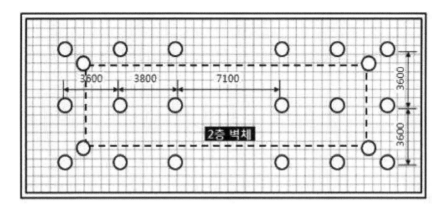

3 건축물 구성

건축 시기	1869
소재지	서울특별시 종로구 종로
공포 유형	다포식
지붕 형식	우진각지붕(중층)
평면 규모	[상/하층] 정면5칸 측면2칸
량가 구조	1고주 5량가
출목수	[하층] 외2출목 내3출목, [상층] 외3출목 내3출목

　귀고주형 반칸물림 구조이며, 귀고주에서 심고주로 귓보를 설치하고 하층 내목도리열에 상층 평주열을 설치하였다.

　전면에는 편문식 반원형 옹성을 둘렀으며, 다포계 건축임에도 문루 건물의 특성상 연등천장으로 구성되어 있다.

　보와 도리는 숭어턱 결구이며, 하층 추녀는 귀고주를 관통 후 띠철로 보강되어 있다. 상층 대량은 고주를 관통 후 띠철로 보강하였고, 하층 대량과 고주 연결 부위는 보아지로 보강하였다.

　내목도리는 멍에창방의 역할을 겸하고 있으며, 어칸 평주에 주선을 설치하였다(심주에는 미설치). 창방은 처짐을 고려하여 어칸이 협퇴칸보다 더 크게 구성되었다. 주장첨차와 장화반, 안초공이 사용되었다.

4 참고 자료

수원 팔달문

수원 화성은 조선 정조 18년(1794)에 정조의 아버지 사도세자의 능을 양주에서 수원으로 옮기면서 짓기 시작하여 정조 20년(1796)에 완성한 성곽이다. 중국성의 모습을 본뜨기는 했지만 과학적인 방법으로 성을 쌓아 훨씬 발달한 모습을 하며 한국 성곽을 대표하는 뛰어난 유적이다.

이 문은 수원 화성의 남쪽문으로 이름은 서쪽에 있는 팔달산에서 따 왔다. 문루는 앞면 5칸·옆면 2칸의 2층 건물이며, 지붕은 앞면에서 볼 때 사다리꼴을 한 우진각지붕이다. 지붕 처마를 받치기 위해 기둥 윗부분에 짠 구조가 기둥 위뿐만 아니라 기둥 사이에도 있는 다포 양식으로 꾸몄다. 문의 바깥쪽에는 문을 보호하고 튼튼히 지키기 위해 반원 모양으로 옹성을 쌓았다. 이 옹성은 1975년 복원공사 때 고증하여 본래의 모습으로 복원한 것이다. 또한 문의 좌우로 성벽이 연결되어 있었지만 도로를 만들면서 헐어버려 지금은 성문만 남아 있다.

수원 화성 안쪽에 있는 여러 건물 중 가장 크고 화려하며, 발달된 조선 후기의 성문 건축형태를 고루 갖추고 있는 문화재이다.

※ 출처 : 문화재청 국가문화유산포털

1 종단면도

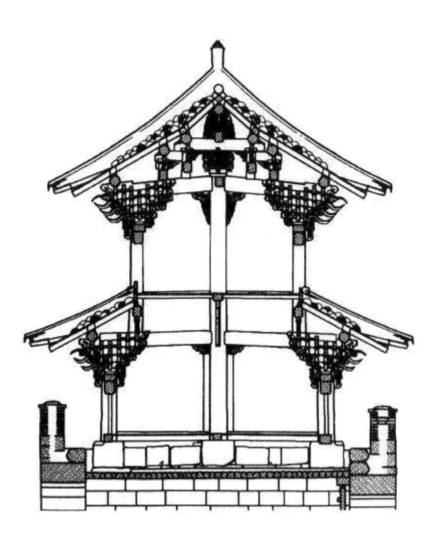

2 평면도

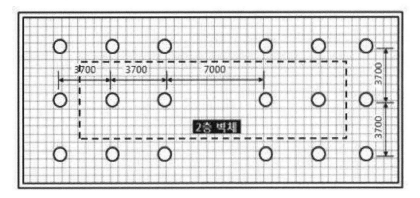

3 건축물 구성

건축 시기	1794
소재지	경기도 수원시 팔달구 팔달로
공포 유형	다포식
지붕 형식	우진각지붕(중층)
평면 규모	[상/하층] 정면5칸 측면2칸
량가 구조	1고주 5량가
출목수	[하층] 외2출목 내3출목, [상층] 외3출목 내3출목

　귀잡이보형 반칸물림 구조이며, 정면 주간포와 측면 주간포 사이에 귀잡이보가 설치된다. 하층 내목열에 상층 평주가 설치되는 맞보 구조이다.

　입지와 기능 상 읍성의 문루 건물이나, 도성 문루 건물에 준해 건설되어 5칸×2칸 및 반칸물림, 우진각지붕 구조를 취하고 있다.

　하층에서는 고주에 대들보를 맞보로 걸고, 하층 대들보 위에 상층 평주를 설치하여 그 위에 상층 고주와의 사이에 상층 대들보를 설치했다. 대들보 아래에는 보아지를 설치하였으며 고주에는 주선을 설치하였다.

　상하층 주심도리는 생략되었으며 내목도리와 중도리를 연결하는 계량이 사용된다. 보와 도리는 숭어턱 없이 통맞춤으로 결구된다. 창방의 경우 처짐을 고려하여 어칸이 협퇴칸보다 더 큰게 특징이다.

　어칸 바닥은 우물마루이며, 연두창방 없이 상층 마루 귀퉁이가 하층 지붕 서까래를 눌러주는 구조이다.

4 참고 자료

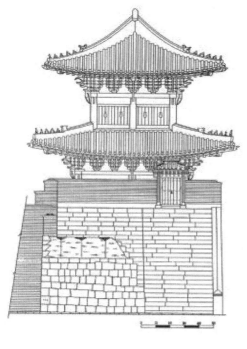

범어사 조계문

경상남도 3대 절 중 하나로 유명한 범어사는『삼국유사』의 기록에 따르면 의상대사가 통일신라 문무
왕 18년(678)에 처음으로 지었다고 한다.

이 건물을 세운 시기를 알 수는 없으나 조선 광해군 6년(1614)에 묘전화상이 절내 여러 건물을 고
쳐 지을 때 함께 세운 것으로 추측한다.

정조 5년(1781)에 백암선사가 현재의 건물로 보수했다. 앞면 3칸 규모이며 지붕은 옆면에서 볼 때
사람 인(人)자 모양을 한 맞배지붕으로 꾸몄다.

지붕 처마를 받치기 위해 장식한 공포는 기둥 위와 기둥 사이에도 있는 다포 양식이다.

기둥은 높은 돌 위에 짧은 기둥을 세운 것이 특이하며 모든 나무재료들은 단청을 하였다. 부산 범
어사 조계문은 모든 법이 하나로 통한다는 법리를 담고 있어 삼해탈문이라고도 부른다.

부산 범어사 조계문은 사찰의 일주문이 가지는 기능적인 건물로서의 가치와 함께 모든 구성 부재들
의 적절한 배치와 결구를 통한 구조적인 합리성 등이 시각적으로 안정된 조형 및 의장성을 돋보이
게 한다. 한국전통 건축의 구조미를 잘 표현하여 우리나라 일주문 중에서 걸작품으로 평가할 수 있
다.

※ 출처 : 문화재청 국가문화유산포털

1 종단면도

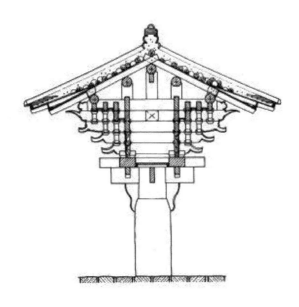

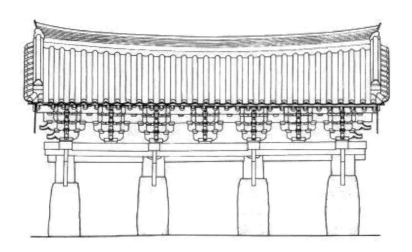

2 평면도

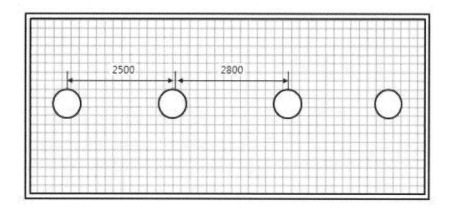

3 건축물 구성

건축 시기	1781
소재지	부산광역시 금정구 청룡동
공포 유형	다포식
지붕 형식	맞배지붕
평면 규모	정면3칸
량가 구조	5량가
출목수	외3출목

자연석 초석 위에 배흘림이 가미된 원통형 석주가 설치되었다. 석주 하부는 초석 상면에 맞춰 그랭이질하였으며, 석주 상부는 직경 10mm, 깊이 10mm의 홈을 파서 목주와 촉이음하였다. 또한 석주 상부에는 안초공과의 결구를 위해 홈 가공을 추가하였다.

석주 위에는 지름 600mm의 두리기둥을 설치하였으며, 두 열의 창방과 평방 설치 후 주상포작과 주간포작이 설치되었다.

교두형 행공첨차 및 쇠서형 살미첨차가 구성되어 있으며, 정면 공포와 배면 공포가 하나의 판재로 구성되어 외출목만 있고 내출목은 없는 구조이다.(선암사 일주문의 경우 정면 공포와 배면 공포의 초제공 및 이제공이 분리되어 내출목 있음)

4 참고 자료

개심사 대웅전

절의 기록에 의하면 개심사는 신라 진덕여왕 5년, 백제 의자왕 14년 혜감국사가 지었다고 되어 있는데, 진덕여왕 5년(651)과 의자왕 14년(654)은 다른 해에 해당한다. 개심사는 백제 의자왕 14년 (654) 혜감국사가 지었다고 전한다. 1941년 대웅전 해체 수리 시 발견된 기록에 의해 조선 성종 15년(1484)에 고쳐 지었음을 알 수 있다. 현재 건물은 고쳐 지을 당시의 모습을 거의 유지하고 있는 것으로 여겨진다.

개심사 대웅전은 앞면 3칸·옆면 3칸 규모이며, 지붕은 옆면에서 볼 때 사람 인(人)자 모양인 맞배지붕으로, 지붕 처마를 받치는 공포가 기둥 위뿐만 아니라 기둥 사이에도 있는 다포양식이다.

이 건물은 건물의 뼈대를 이루는 기본적인 구성이 조선 전기의 대표적 주심포양식 건물인 강진 무위사 극락전(국보)과 대비가 되는 중요한 건물이다.

※ 출처 : 문화재청 국가문화유산포털

1 종단면도

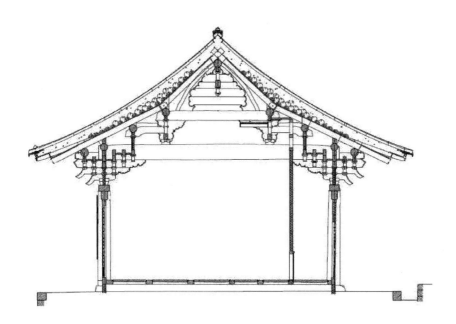

2 평면도

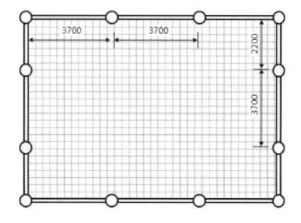

3 건축물 구성

건축 시기	1484
소재지	충청남도 서산시 운산면
공포 유형	다포식
지붕 형식	맞배지붕
평면 규모	정면3칸 측면3칸
량가 구조	7량가
출목수	외2출목 내3출목

　정면의 공포구조는 다포양식이나 건물의 전체적인 구조는 주심포양식을 따르고 있다. 주심포식 가구 구조에 해당하는 것으로는 파련대공과 연등천장, 화반과 공포를 이용한 중도리 지지구조(다포식에서는 동자주 사용), 외반된 형태의 솟을합장이 사용된 점이다.

　살미첨차는 1단의 경우 외부가 쇠서형이고 내부가 교두형이며, 2단의 경우 외부가 쇠서형 및 내부는 운공형, 3단의 경우 외부는 삼분두, 내부는 운공형이다.

　외목도리는 보와 결구되지 않고 별도 부재인 운공으로 고정되어 있으며, 서까래는 주심도리와 접하지 않고 외목도리에 의해 지지되고 있다.

　간략화된 우미량으로 내목도리와 중도리를 연결하고 있으며, 좌우 측면에 2개씩의 외진고주가 위치하고 외진고주 상단에 포작이 구성되었다.

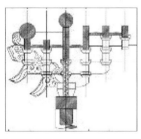
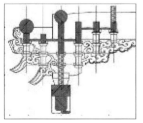

공포(측면, 가운데)

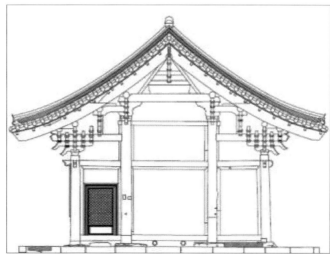

건물 측면도

4 참고 자료

Part

3
익공식 건축물

해인사 수다라장전

장경판전은 고려시대에 만들어진 8만여 장의 대장경판을 보관하고 있는 건물로, 해인사에 남아있는 건물 중 가장 오래 되었다. 처음 지은 연대는 정확히 알지 못하지만, 조선 세조 3년(1457)에 크게 다시 지었고 성종 19년(1488)에 학조대사가 왕실의 후원으로 다시 지어 '보안당'이라고 했다는 기록이 있다. 산 속 깊은 곳에 자리잡고 있어 임진왜란에도 피해를 입지 않아 옛 모습을 유지하고 있으며, 광해군 14년(1622)과 인조 2년(1624)에 수리가 있었다.

앞면 15칸·옆면 2칸 크기의 두 건물을 나란히 배치하였는데, 남쪽 건물은 '수다라장'이라 하고 북쪽의 건물은 '법보전'이라 한다. 서쪽과 동쪽에는 앞면 2칸·옆면 1칸 규모의 작은 서고가 있어서, 전체적으로는 긴 네모형으로 배치되어 있다. 대장경판을 보관하는 건물의 기능을 충분히 발휘할 수 있도록 장식 요소는 두지 않았으며, 통풍을 위하여 창의 크기를 남쪽과 북쪽을 서로 다르게 하고 각 칸마다 창을 내었다. 또한 안쪽 흙바닥 속에 숯과 횟가루,소금을 모래와 함께 차례로 넣음으로써 습도를 조절하도록 하였다.

자연의 조건을 이용하여 설계한 합리적이고 과학적인 점 등으로 인해 대장경판을 지금까지 잘 보존할 수 있었다고 평가 받고 있다.

※ 출처 : 문화재청 국가문화유산포털

1 종단면도

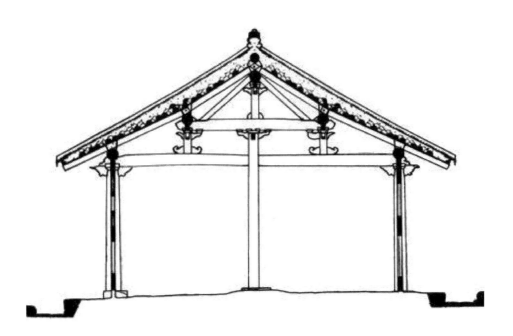

2 평면도

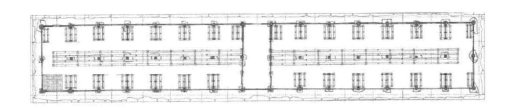

3 건축물 구성

건축 시기	1488
소재지	경상남도 합천군 가야면
공포 유형	익공식
지붕 형식	맞배지붕
평면 규모	정면15칸 측면2칸
량가 구조	1고주 5량가
출목수	출목 없음(초익공)

　해인사 장경판전은 전체 4동의 건물로 이루어져 있으며, 동서로 장축인 수다라장전과 법보전이 서로 유사한 구조를 가지고 있다.

　수다라장전의 외진평주는 미세한 배흘림이 있는 원주이며 내진고주는 방주로 구성되어 있다. 공포는 초익공이며 부분적으로 주심포 양식이 섞여 있어 주심포식에서 익공식으로 변해가는 과정을 보여준다. 이 건물에 초익공을 설치한 이유는 장경판을 보존하기 위한 목적을 달성하기 위해 건물 구조의 복잡성을 줄이고 건물을 안정적으로 유지하기 위해서였다.

　외부 익공은 쇠서형이며 내부 익공은 보아지 형식으로 대량을 직접 받치는 구조이다. 구조적으로 힘을 받기 보다는 의장적인 성격이 강한 게 특징이다.

　주두는 굽면이 직선이고 굽받침이 없는 구조이다. 주심도리와 대량이 직접 결구되는 특징이 있고, 동자대공의 구조적 안정성을 위해 솟을합장을 사용하였다.

　정면의 살창은 위가 작고 아래가 크나, 배면의 살창은 위가 크고 아래가 작아 건물 내부의 자연스런 공기 순환이 이루어질 수 있도록 배려한 결과라 할 수 있다.

　추녀 뒤뿌리는 중도리 뺄목 십자도리에 결구되어 있으며 통재로 구성되어 있다.

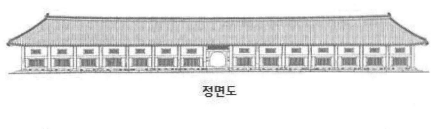

정면도

배면도

4 참고 자료

남원 광한루

원래 이곳은 조선 세종 원년(1419)에 황희가 광통루라는 누각을 짓고, 산수를 즐기던 곳이었다. 1444년 전라도 관찰사 정인지가 광통루를 거닐다가 아름다운 경치에 취하여 이곳을 달나라 미인 항아가 사는 월궁속의 광한청허부(廣寒淸虛府)라 칭한 후 '광한루'라 이름을 부르게 되었다. 1461년 부사 장의국은 광한루를 보수하고, 요천의 맑은 물을 끌어다가 하늘나라 은하수를 상징하는 연못을 만들었다.

호수에는 지상의 낙원을 상징하는 연꽃을 심고, 견우와 직녀가 은하수에 가로막혀 만나지 못하다가 칠월칠석날 단 한번 만난다는 사랑의 다리 '오작교'를 연못 위에 설치하였다. 이 돌다리는 4개의 무지개 모양의 구멍이 있어 양쪽의 물이 통하게 되어 있으며, 한국 정원의 가장 대표적인 다리이다.

1582년 전라도 관찰사로 부임한 정철은 광한루를 크게 고쳐 짓고, 은하수 연못 가운데에 신선이 살고 있다는 전설의 삼신산을 상징하는 봉래·방장·영주섬을 만들어 봉래섬에는 백일홍, 방장섬에는 대나무를 심고, 영주섬에는 '영주각'이란 정자를 세웠다. 그러나 정유재란 때 왜구들의 방화로 모두 불타버렸다.

현재의 광한루는 1639년 남원부사 신감이 복원하였다. 1794년에는 영주각이 복원되고 1964년에 방장섬에 방장정이 세워졌다. 이 광한루원은 소설 『춘향전』에서 이도령과 춘향이 인연을 맺은 장소로도 유명하여, 1920년대에 경내에 춘향사를 건립하고 김은호 화백이 그린 춘향의 영정을 모셔 놓았다. 해마다 음력 5월 5일 단오절에는 춘향제가 열린다.

※ 출처 : 문화재청 국가문화유산포털

1 종단면도

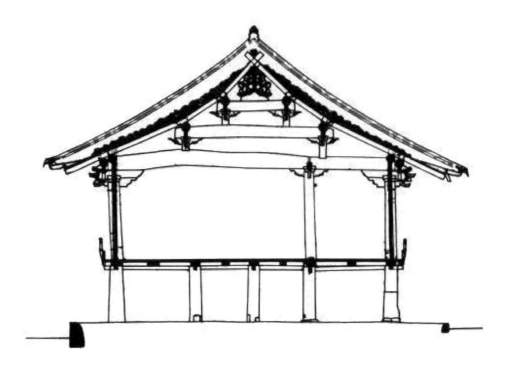

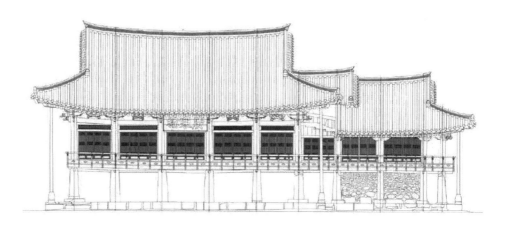

2 평면도

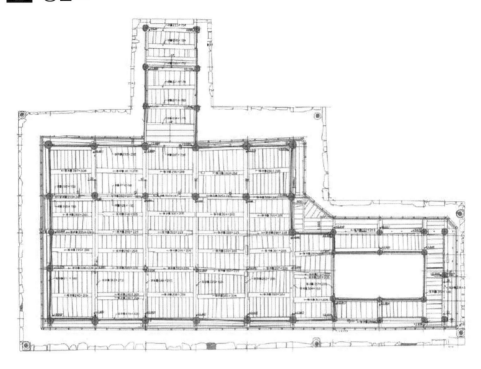

3 건축물 구성

건축 시기	1638
소재지	전라북도 남원시 천거동
공포 유형	익공식
지붕 형식	팔작지붕
평면 규모	정면5칸 측면4칸
량가 구조	1고주 7량가
출목수	외1출목(이익공)

　광한루는 20칸의 본루와 3칸 온돌방을 가진 익루, 그리고 계단실인 3칸 월랑으로 구성되어 있다. 익루와 월랑은 본루와 함께 만들어진 게 아니라 본루가 만들어지고 난 후 별도로 건축되었다.

　정면 기둥과 모서리 기둥은 방형 석주만을 이용하여 누하주를 구성하고 있으며, 나머지 기둥들은 목주로 누하주를 구성한다.

　고주와 중도리열이 불일치하며, 고주가 대량 하부를 지지하고 있다. 계자난간과 우물마루가 적용되어 있다.

4 참고 자료

밀양 영남루

영남루는 조선시대 밀양도호부 객사에 속했던 곳으로 손님을 맞거나 휴식을 취하던 곳이다. 고려 공민왕 14년(1365)에 밀양군수 김주(金湊)가 통일신라 때 있었던 영남사라는 절터에 지은 누로, 절 이름을 빌어 영남루라 불렀다. 그 뒤 여러 차례 고치고 전쟁으로 불탄 것을 다시 세웠는데, 지금 건물은 조선 헌종 10년(1844) 밀양부사 이인재가 새로 지은 것이다.

규모는 앞면 5칸·옆면 4칸이며, 지붕은 옆면에서 볼 때 여덟 팔(八)자 모양을 한 팔작지붕이다. 기둥은 높이가 높고 기둥과 기둥 사이를 넓게 잡아 매우 웅장한 분위기를 자아내고 있으며, 건물 서쪽면에서 침류각으로 내려가는 지붕은 높이차를 조정하여 층을 이루고 있는데 그 구성이 특이하다. 또한 건물 안쪽 윗부분에서 용 조각으로 장식한 건축 부재를 볼 수 있고 천장은 뼈대가 그대로 드러나 있는 연등천장이다.

밀양강 절벽의 아름다운 경관과 조선시대 후반기 화려하고 뛰어난 건축미가 조화를 이루고 있는 누각이다.

※ 출처 : 문화재청 국가문화유산포털

1 종단면도

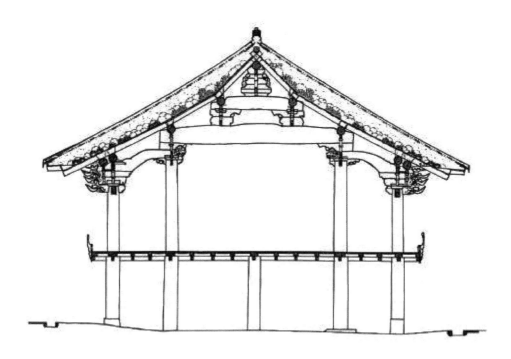

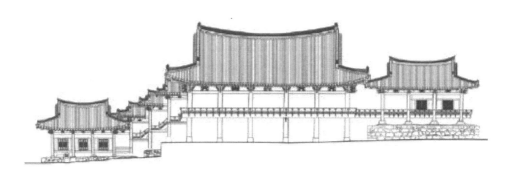

2 평면도

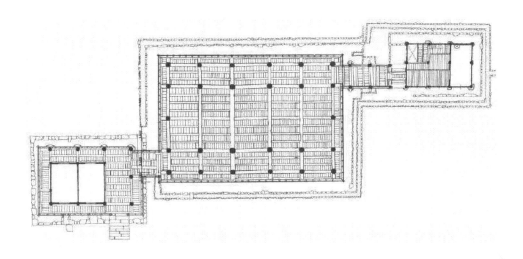

3 건축물 구성

건축 시기	1844
소재지	경상남도 밀양시 내일동
공포 유형	익공식
지붕 형식	팔작지붕
평면 규모	정면5칸 측면4칸
량가 구조	2고주 7량가
출목수	외1출목(삼익공)

영남루는 본루와 함께 본루 좌측의 능파당과 우측의 침류각을 익루로 거느리고 있는 누각 건축이다. 외진주는 장초석 위에 목주를 설치하였고, 내진주는 덤벙주초 위에 목주를 설치하였다.

충량으로 외기도리를 받치며 퇴량 아래에는 퇴칸을 형성한다. 우물마루와 계자난 간, 판대공 구조를 보이고 있다.

4 참고 자료

삼척 죽서루

이 건물은 창건자와 연대는 미상이나 〈동안거사집〉에 의하면, 1266년(고려 원종 7년)에 이승휴가 안집사 진자후와 같이 서루에 올라 시를 지었다는 것을 근거로 1266년 이전에 창건된 것으로 추정된다. 그 뒤 조선 태종 3년(1403)에 삼척부의 수령인 김효손이 고쳐 세워 오늘에 이르고 있다.

누(樓)란 사방을 트고 마루를 한층 높여 지은 다락형식의 집을 일컫는 말이며, '죽서'란 이름은 누의 동쪽으로 죽장사라는 절과 이름난 기생 죽죽선녀의 집이 있어 '죽서루'라 하였다고 한다.

규모는 앞면 7칸·옆면 2칸이지만 원래 앞면이 5칸이었던 것으로 추측되며 지붕은 옆면에서 볼 때 여덟 팔(八)자 모양을 한 팔작지붕이다. 지붕도 천장의 구조로 보아 원래 다른 형태의 지붕이었을 것으로 생각한다. 지붕 처마를 받치기 위해 장식하여 짜은 구조가 기둥 위에만 있는 주심포 양식이지만 재료 형태는 다른 양식을 응용한 부분이 있다. 또한 기둥을 자연암반의 높이에 맞춰 직접 세운 점도 특이하다.

이 누각에는 율곡 이이 선생을 비롯한 여러 유명한 학자들의 글이 걸려 있다. 그 중 '제일계정(第一溪亭)'은 현종 3년(1662)에 허목이 쓴 것이고, '관동제일루(關東第一樓)'는 숙종 37년(1711)에 이성조가 썼으며 '해선유희지소(海仙遊戱之所)'는 헌종 3년(1837)에 이규헌이 쓴 것이다.

※ 출처 : 문화재청 국가문화유산포털

1 종단면도

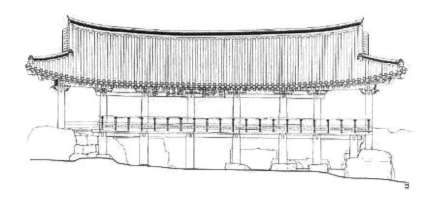

2 평면도

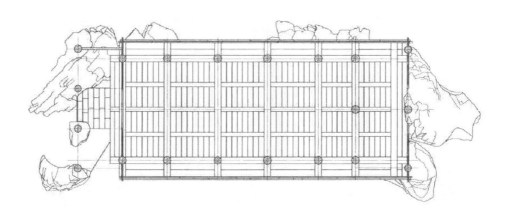

3 건축물 구성

건축 시기	1567
소재지	강원도 삼척시 죽서루길
공포 유형	익공식
지붕 형식	팔작지붕
평면 규모	정면7칸 측면 북측2칸 남측3칸
량가 구조	5량가
출목수	외1출목(초익공)

　전체 17개의 기둥 중 9개는 자연석 위에 설치되고 8개는 초석 위에 설치된 독특한 구조이다. 원래 5칸 건물이었으나 후일 좌우로 1칸씩 추가하여 7칸으로 확장되었으며, 이를 근거로 현재는 팔작지붕이나 증축 전에는 맞배지붕이었을 것으로 추정한다.

　중앙 5칸은 교두형 첨차의 주심포식 공포이며 좌우 끝단 1칸은 익공식 공포이다. 계자난간 및 파련대공, 연등천장을 가지고 있으며, 충량으로 외기도리를 지지한다.

　상층 마루로 진입하기 위해서는 별도의 계단을 오르지 않고 좌우 측면을 통해 내부로 출입이 가능한 구조이다.

4 참고 자료

종묘 정전

종묘는 조선왕조 역대 임금의 신위를 모신 곳으로, 정전은 종묘의 중심 건물로 영녕전과 구분하여 태묘(太廟)라 부르기도 한다.

정전은 조선시대 초 태조 이성계의 4대조(목조, 익조, 도조, 환조) 신위를 모셨으나, 그 후 당시 재위하던 왕의 4대조(고조, 증조, 조부, 부)와 조선시대 역대 왕 가운데 공덕이 있는 왕과 왕비의 신주를 모시고 제사하는 곳이 되었다. 종묘는 토지와 곡식의 신에게 제사지내는 사직단과 함께 국가에서 가장 중요시한 제례 공간으로, 그 건축 양식은 최고의 격식을 갖춘다.

현재 정전에는 서쪽 제1실에서부터 19분 왕과 왕비의 신주를 각 칸을 1실로 하여 모두 19개의 방에 모시고 있다. 이 건물은 칸마다 아무런 장식을 하지 않은 매우 단순한 구조이지만, 19칸이 옆으로 길게 이어져 우리나라 단일건물로는 가장 긴 건물이다. 홑처마에 지붕은 사람 인(人)자 모양의 맞배지붕 건물이며, 기둥은 가운데 부분이 볼록한 배흘림 형태의 둥근 기둥이고, 정남쪽에 3칸의 정문이 있다.

종묘 정전은 선왕에게 제사지내는 최고의 격식과 검소함을 건축공간으로 구현한, 조선시대 건축가들의 뛰어난 공간창조 예술성을 찾아볼 수 있는 건물이다.

※ 출처 : 문화재청 국가문화유산포털

1 종단면도

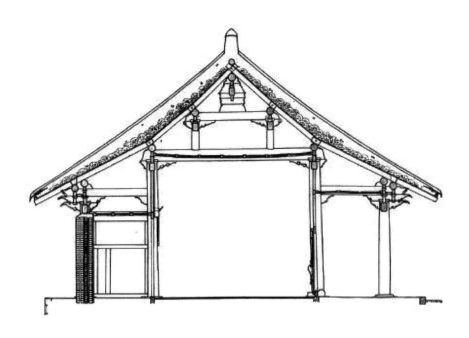

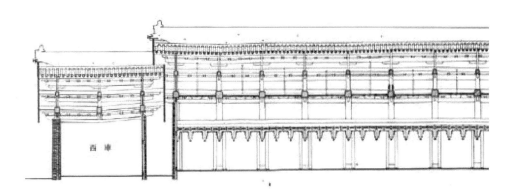

2 평면도

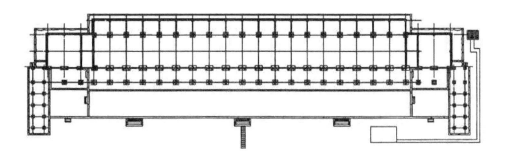

3 건축물 구성

건축 시기	1870
소재지	서울특별시 종로구
공포 유형	익공식
지붕 형식	맞배지붕
평면 규모	정면19칸 측면3칸
량가 구조	2고주 7량가
출목수	외1출목(이익공)

태조 4년(1395)에 처음 준공된 후 네 차례 증축(7칸→11칸→15칸→19칸)을 거쳐 현재와 같은 19칸 건물이 완성되었다.

하나의 건물에 여러 신위가 함께 구분되어 모셔져 있는 동당이실(同堂異室)과, 서쪽 끝을 제일 높은 위치로 하는 서상(西上)제를 적용하고 있다.

정전 좌우에는 정면3칸, 측면3칸의 동서 익실이 지어져 있으며, 동쪽 익실은 서쪽과 달리 개방된 구조이다.

기둥과 지붕에 붉은색만 입힌 가칠단청으로 처리하였으며, 후대에 건축된 부분일수록 기둥의 배흘림이 약화된 것을 볼 수 있다.

종묘에는 신위가 증가함에 따라 신위를 모실 사당 건축물을 새로 지어 모시는 별묘제가 적용되고 있다.

4 참고 자료

전주 풍남문

옛 전주읍성의 남쪽문으로 선조 30년(1597) 정유재란 때 파괴된 것을 영조 10년(1734) 성곽과 성문을 다시 지으면서 명견루라 불렀다. '풍남문'이라는 이름은 영조 43년(1767) 화재로 불탄 것을 관찰사 홍낙인이 영조 44년(1768) 다시 지으면서 붙인 것이다. 순종 때 도시계획으로 성곽과 성문이 철거되면서 풍남문도 많은 손상을 입었는데 지금 있는 문은 1978년부터 시작된 3년간의 보수공사로 옛 모습을 되찾은 것이다.

규모는 1층이 앞면 3칸·옆면 3칸, 2층이 앞면 3칸·옆면 1칸이며, 지붕은 옆면에서 볼 때 여덟 팔(八)자 모양을 한 팔작지붕이다. 지붕 처마를 받치기 위해 장식하여 짜은 구조가 기둥 위에만 있다. 평면상에서 볼 때 1층 건물 너비에 비해 2층 너비가 갑자기 줄어들어 좁아 보이는 것은 1층 안쪽에 있는 기둥을 그대로 2층까지 올려 모서리기둥으로 사용하였기 때문이다. 이 같은 수법은 우리나라 문루(門樓)건축에서는 보기 드문 방식이다.

부재에 사용된 조각 모양과 1층 가운데칸 기둥 위에 용머리를 조각해 놓은 점들은 장식과 기교를 많이 사용한 조선 후기 건축의 특징이라고 할 수 있다. 옛 문루건축 연구에 중요한 자료가 되는 문화재이다.

.※ 출처 : 문화재청 국가문화유산포털

1 종단면도

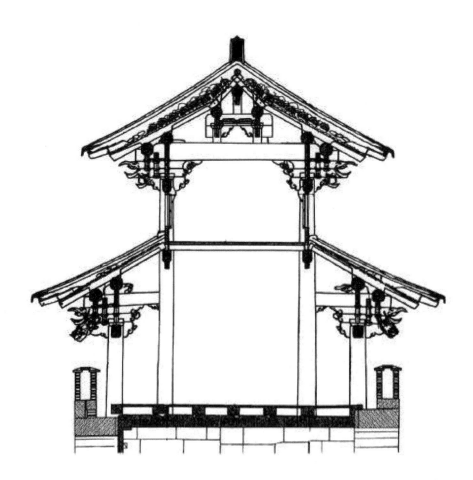

2 평면도

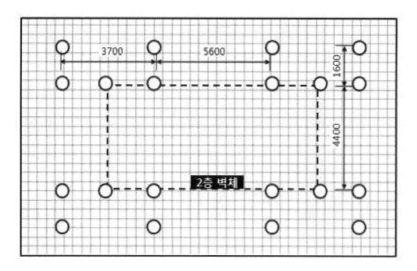

3 건축물 구성

건축 시기	1768
소재지	전라북도 전주시 완산구
공포 유형	익공식
지붕 형식	팔작지붕(중층)
평면 규모	[하층] 정면3칸 측면3칸, [상층] 정면3칸 측면1칸
량가 구조	2고주 5량가
출목수	[하층] 외2출목(삼익공), [상층] 외2출목(삼익공)

　정면에서는 반칸물림, 측면에서는 온칸물림을 하고 있는 독특한 구조이다.

　앞뒤 네 개씩의 내진고주가 상층의 변주 역할을 하고 있으며, 공포와 공포 사이 창방 위에는 화반을 배치하여 하중을 지탱하고 있다.

　하층 중앙기둥 위 공포부에는 용머리가 조각되어 있다. 측면 서까래는 충량 없이 내민보 형식의 외기도리로 지지되고 있다.

　문루 건물로는 드물게 측면 3칸이며 심고주는 없다. 하층 퇴칸 귓기둥에서 45도 각도로 내진 귓기둥이 설치되어 있으며, 지붕마루에 양성바름이 적용되었으나 잡상은 없다.

4 참고 자료

경복궁 경회루

경복궁 근정전 서북쪽 연못 안에 세운 경회루는, 나라에 경사가 있거나 사신이 왔을 때 연회를 베풀던 곳이다.

경복궁을 처음 지을 때의 경회루는 작은 규모였으나, 조선 태종 12년(1412)에 연못을 넓히면서 크게 다시 지었다. 그 후 임진왜란으로 불에 타 돌기둥만 남은 상태로 유지되어 오다가 270여 년이 지난 고종 4년(1867) 경복궁을 다시 지으면서 경회루도 다시 지었다. 연못 속에 잘 다듬은 긴 돌로 둑을 쌓아 네모 반듯한 섬을 만들고 그 안에 누각을 세웠으며, 돌다리 3개를 놓아 땅과 연결되도록 하였다.

앞면 7칸·옆면 5칸의 2층 건물로, 지붕은 옆면에서 볼 때 여덟 팔(八)자 모양을 한 팔작지붕이다. 지붕 처마를 받치기 위해 장식하여 만든 공포는 누각건물에서 많이 보이는 간결한 형태로 꾸몄다. 태종 때 처음 지어진 경회루는 성종 때 고쳐지으면서 누각의 돌기둥을 화려하게 용의 문양을 조각하였다고 전해지나, 임진왜란으로 소실된 이후 고종대에 다시 지으면서 지금과 같이 간결하게 바깥쪽에는 네모난 기둥을, 안쪽에는 둥근기둥을 세웠다. 1층 바닥에는 네모난 벽돌을 깔고 2층 바닥은 마루를 깔았는데, 마루의 높이를 3단으로 각각 달리하여 지위에 따라 맞는 자리에 앉도록 하였다.

경복궁 경회루는 우리나라에서 단일 평면으로는 규모가 가장 큰 누각으로, 간결하면서도 호화롭게 장식한 조선 후기 누각건축의 특징을 잘 나타내고 있는 소중한 건축 문화재이다.

※ 출처 : 문화재청 국가문화유산포털

1 종단면도

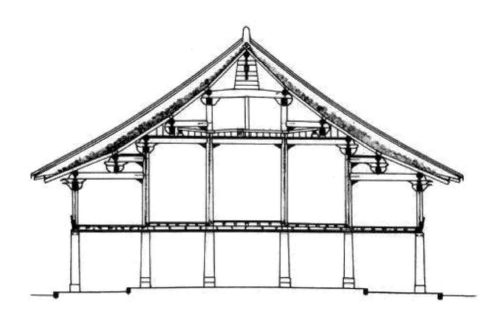

2 평면도

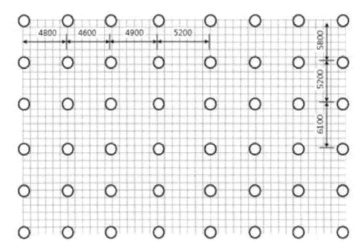

3 건축물 구성

건축 시기	1868
소재지	서울특별시 종로구 세종로
공포 유형	익공식
지붕 형식	팔작지붕
평면 규모	정면7칸 측면5칸
량가 구조	4고주 11량가
출목수	없음

외국 사신의 접대 또는 임금과 신하가 함께 연회를 열 때 사용되던 누각이다. 최초 창건은 태종 12년(1412) 박자청의 감독 하에 만들어졌으나 현재 건물은 1868년 고종이 경복궁을 새로 지으면서 함께 중건된 것이다.

초석의 경우 민흘림이 적용된 방형 석주와 원형 석주가 누하주로 사용되었으며 외측은 방형, 내측은 원형으로 구성되어 있다(천원지방). 판대공과 뜬창방이 적용되었으며 공포는 이익공 구조이다.

상층 내부 공간은 마루높이에 따라 세 겹으로 구성되고, 각 기둥 사이에는 분합문을 설치하여 여닫을 수 있도록 했다.

추녀 상부에는 덧추녀가 사용되었고, 비정상적인 크기의 합각은 조선후기 자재 수급의 어려움을 반영하고 있다.

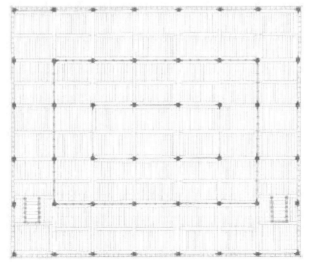

경회루 바닥의 3중 구조

4 참고 자료

창덕궁 부용정

창덕궁에서 후원으로 가는 길은 현재는 내의원으로 불리는 건물군을 왼쪽으로 끼고 담으로 좌우를 막은 통로를 이용하게 된다. 이 통로는 약간 오르막길로 되어 있으며 길은 좌측으로 꺾이면서 내리막길로 변하는데 그 지점에서 부용지 일대의 모습이 내려다보인다. 3면이 경사지이며 경사가 모이는 한가운데에 방형(方形)의 연못인 부용지가 있다. '부용(芙蓉)'은 '연꽃'을 뜻하는데, 창덕궁 후원의 대표적인 방지(方池)이다. 동서 길이가 34.5m, 남북 길이가 29.4m에 이르는 방형의 연못이다.

부용지의 네모난 연못과 둥근 섬은 '하늘은 둥글고 땅은 네모나다'는 천원지방(天圓地方)사상을 반영한 것이다. 연못은 장대석으로 쌓아올렸고, 남쪽 모서리에는 물고기 조각이 하나 있다. 잉어 한마리가 물 위로 뛰어오르는 모습을 새겼는데, 이것은 왕과 신하의 관계를 물과 물고기에 빗댄 것이다.

이 연못의 남쪽 변에 부용정이 자리 잡고 있는데, 부용정의 남쪽은 낮은 언덕에 면하고 있다. 현판이 걸려 있는 동쪽이 건물의 정면인데, 이는 이곳의 지형이 남·북·서 삼면이 낮은 언덕으로 둘려있고, 동쪽만이 훤하게 트여 있기 때문이다.

건물주변을 보면 남쪽 언덕에는 3단의 화계(花階)를 설치하고 꽃을 심고 수석을 배치하여 정원을 꾸며 놓았으며, 북쪽 연못에는 가운데에 섬 하나를 쌓고 그 뒤로 높은 언덕에 어수문(魚水門)과 주합루(宙合樓)일곽이 보이도록 하였다.

주합루의 왼쪽으로는 서향각(書香閣)이 있으며 주합루의 뒤 2단의 석대 위에 제월광풍관(霽月光風觀)이라는 편액의 작은 건물이 있다. 서향각의 뒤 높은 곳에 희우정이 있다. 연못의 서측에는 사정기비각(四井記碑閣)이 있다.

부용정은 궁궐지에 따르면 조선 숙종 33년(1707)에 이곳에 택수재(澤水齋)를 지었는데, 정조 때에 이를 고쳐 짓고 이름을 '부용정(芙蓉亭)'이라 바꾸었다고 한다. 『동국여지비고』에는 "주합루 남쪽 연못 가에 있다. 연못 안에 채색하고 비단 돛을 단 배가 있어, 정조 임금께서 꽃을 감상하고 고기를 낚던 곳이다"라고 하여 이곳에서 왕이 과거에 급제한 이들에게 주연을 베풀고 축하해 주기도 했으며, 신하들과 어울려 꽃을 즐기고 시를 읊기도 하였는데, 1795년 수원 화성을 다녀온 정조가 신하들과 낚시를 즐겼다고 전한다. 기둥에는 이곳의 풍광을 읊은 시를 적은 주련(柱聯)10개가 걸려 있다.

부용정의 평면은 정면 5칸, 측면 4칸, 배면 3칸의 누각으로 연못 남쪽 위에서 봤을 때 열 십(十)자 모양을 기본으로 구성되었으며, 남동과 남서쪽에 반칸을 덧대서 소통을 원활히 하였다. 남북 중심축을 기준으로 할 때 동쪽과 서쪽이 좌우대칭이다. 연못 안에 2개의 팔각 석주을 세운 다음 그 위에 가느다란 원기둥을 세우고 건물의 비례에 맞게 앙증맞은 2익공(二翼工)공포를 짜 올렸다. 정자안은 네 개의 방을 배치했는데, 배면의 방이 다른 방들보다 한 단계 높다. 지붕은 겹처마 팔작지붕의 단층이다.

외관을 보면 북쪽은 간결하고 남쪽은 화려한 형식을 취하고 있어 보는 위치에 따라 다양한 형태가 나타나며, 풍부한 형태미를 강조하기 위해서 난간과 창호도 위치에 따라 다양한 형식을 취하고 있다.

난간은 평난간과 계자난간(鷄子欄干)을 두었는데, 특히 북쪽 연못 부분의 난간은 다른 곳보다 한단 높게 하여 변화를 주었다.

창호를 보면 외부 창은 연못으로 내민 부분에만 띠살문을 달고, 그 밖의 다른 곳은 모두 띠살문으로 하였으며, 들쇠에 매달면 사방으로 트이게 되는 구조를 가지고 있다. 내부에는 정자살문과 팔각형 교살창을 낸 불발기창을 두어 안팎 공간의 구분을 분명하게 하였다.

.※ 출처 : 문화재청 국가문화유산포털

1 종단면도

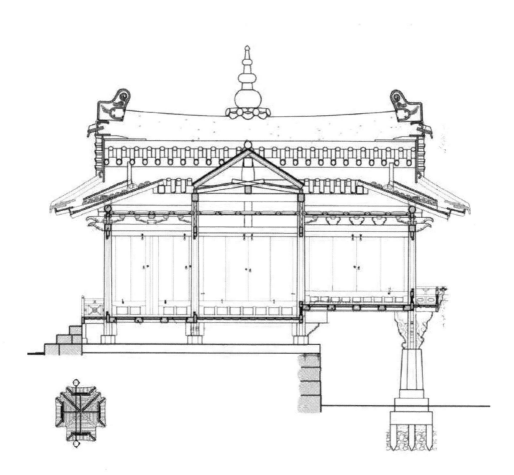

2 평면도

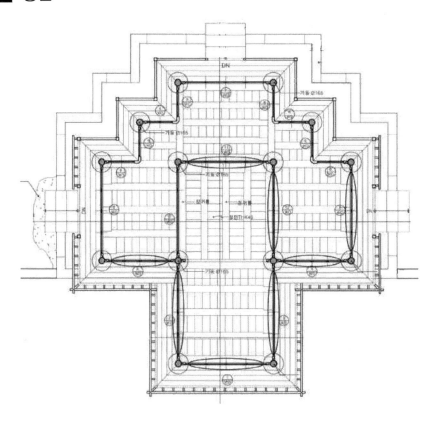

3 건축물 구성

건축 시기	1792
소재지	서울특별시 종로구
공포 유형	익공식(이익공)
지붕 형식	팔작지붕
평면 규모	정면5칸 측면4칸 배면3칸(十자형)
량가 구조	
출목수	

전체적으로 十자형 평면에서 회첨부분을 직각으로 돌출시킨 평면구조이다.

기단은 팔각형 화강석으로, 모두 14개 중 2개는 장초석으로 연못에 세워져 있고, 민흘림을 적용한 원주가 사용되었다.

연못을 향한 쪽은 계자난간을 설치하였고 반대편은 평난간을 설치하였다. 실내에는 다섯 개의 방이 배치되었으며 북쪽 방이 한 단 높게 설치되어 위계질서를 표현하기도 한다. 연못 쪽은 완자살창이 적용되었고 나머지 부분은 모두 띠살창호로 구성되었다. 공포는 모든 기둥이 귓기둥인 관계로 귀공포로 구성되어 있다.

공포 상세

추녀와 선자연

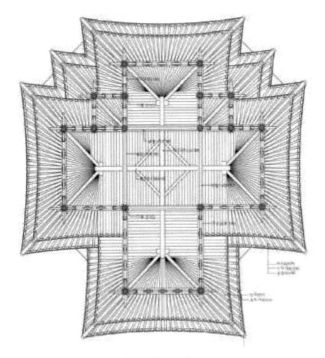

부용정 앙시도

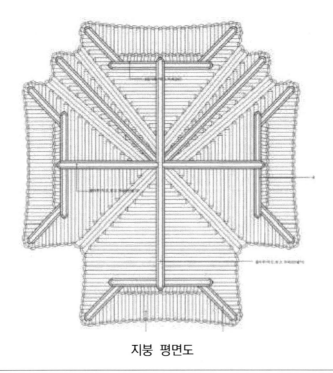

지붕 평면도

창덕궁 존덕정

창덕궁 후원 존덕정(尊德亭) 일원은 이 일대는 후원 가운데 가장 늦게 갖춰진 다양한 형태의 정자들로 보인다. 원래 모습은 네모나거나 둥근 3개의 연못들이 있었는데, 1900년대 이후 하나의 곡선형으로 바뀌었고, 지금은 관란지라고 부른다. 연못을 중심으로 겹지붕의 육각형 정자인 존덕정, 부채꼴 형태의 관람정(觀覽亭), 서쪽 언덕 위에 위치한 길쭉한 맞배지붕의 폄우사, 관람정 맞은편의 승재정(勝在亭) 등 다양한 형태의 정자를 세웠다. 폄우사는 원래 부속채가 딸린 'ㄱ'자 모양이었으나 지금은 부속채가 없어져 단출한 모습이고, 숲 속에 자리 잡은 승재정은 사모지붕의 날렵한 모습이다. 1644년(인조 22)에 세워진 존덕정이 가장 오래된 건물이고, 관람정과 승재정은 19세기 후반에서 20세기 초반에 세운 것으로 추정한다.

※ 출처 : 문화재청 국가문화유산포털

1 종단면도

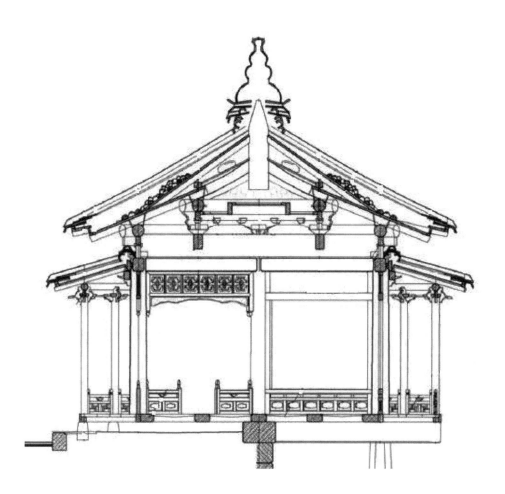

2 평면도

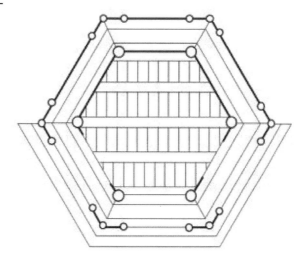

3 건축물 구성

건축 시기	1644
소재지	서울특별시 종로구
공포 유형	익공식
지붕 형식	모임지붕(중층)
평면 규모	육각형
량가 구조	
출목수	

　건물의 정면은 지면 위에 설치되어 있고 배면은 연못 위에 설치된 독특한 구조이다. 배면의 경우 장주초석과 석축열 위에 화강석의 장대석을 설치한 후 기둥을 배치하고 있다.

　여섯 개의 내진기둥으로 둘러싸인 육각 평면에 열여덟 개의 외진기둥이 바깥으로 둘러싸고 있으며, 내진기둥은 평난간을 두르고 외진기둥은 교란을 설치했다.

　안쪽 마루는 우물마루, 바깥쪽 마루는 장마루로 구성되었다. 창방은 폭보다 춤이 큰 부재를 사용하고 네 모서리를 둥글게 마감하였다. 보의 경우 대보, 간보, 충량이 각각 두 개씩 연결되어 있으며, 화반은 기둥과 기둥 사이 창방 상면에 배치되었다.

　공포의 경우 상하층 모두 출목 없는 익공식 공포를 지니고 있다. 중도리는 육각형의 틀을 이루고 있으며 중도리 위에서 추녀 뒤뿌리가 결구되어 있다.

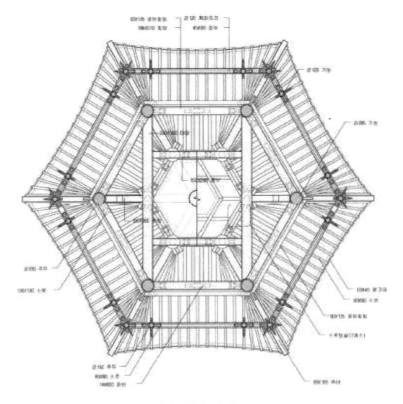

상층 천장 평면도

존덕정 정면 입면도

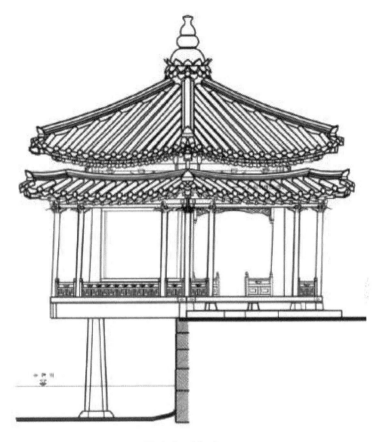

존덕정 좌측면도

상부 가구 전경

대공 안쪽

4 참고 자료

경복궁 향원정

향원정은 고종이 아버지 흥선대원군의 간섭에서 벗어나 친정체제를 구축하면서 정치적 자립의 일환으로 1873년 건청궁을 지으면서 그 건청궁 앞에 연못을 파서 가운데 섬을 만들고 세운 2층 정자다. 향원정으로 가는 섬에는 나무로 만들어진 취향교라는 다리가 있으며, 남쪽에는 함화당, 집경당이 위치해 있다. 향원정 건립 시기에 대한 정확한 기록은 존재하지 않지만, 승정원일기 1887년(고종24년) '향원정'이라는 명칭이 처음 거론되며, 2021년 향원정 보수공사 시 목재 연륜연대조사를 통해 1881년과 1884년 두차례 거쳐 벌채된 목재가 사용된 것을 확인함으로써 향원정은 1885년에 건립된 것으로 추정된다.

향원정의 평면은 정육각형으로 아래·위층이 똑같은 크기이며, 장대석으로 마무리한 낮은 기단 위에 육각형으로 된 초석을 놓고, 그 위에 일층과 이층을 관통하는 육모기둥을 세웠다.

공포는 이층 기둥 위에 짜여지는데, 기둥 윗몸을 창방(昌枋)으로 결구하고 기둥 위에 주두(柱枓:대접받침)를 놓고 끝이 둥글게 초각(草刻)된 헛첨차를 놓았다. 일출목(一出目)의 행공첨차를 받치고, 다시 소로를 두어 외목도리(外目道里)밑의 장혀를 받친 물익공이다.

일층 평면은 바닥 주위로 평난간을 두른 툇마루를 두었고, 이층 바닥 주위로는 계자난간을 두른 툇마루를 두었다. 천장은 우물천장이며 사방둘레의 모든 칸에는 완자살창틀을 달았다.

처마는 겹처마이며 육모지붕으로, 중앙의 추녀마루들이 모이는 중심점에 절병통(節甁桶)을 얹어 치장하였다.

※ 출처 : 문화재청 국가문화유산포털

1 종단면도

2 평면도

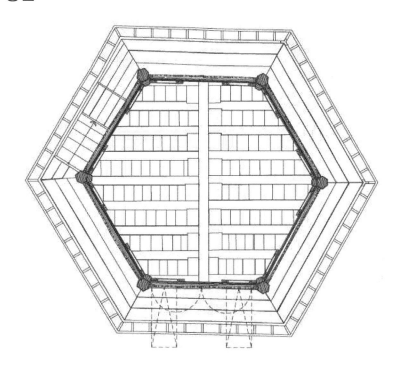

3 건축물 구성

건축 시기	19세기 중반
소재지	서울특별시 종로구
공포 유형	익공식
지붕 형식	모임지붕(중층)
평면 규모	육각형
량가 구조	
출목수	

　기단 위에 장초석을 설치한 후 육각기둥을 세웠다. 하층은 온돌이며 상층은 우물마루로 구성되어 있다.

　난간의 경우 1층은 평난간, 2층은 계자난간이며, 6각 초석과 6각 난간초석, 6각 기둥, 6각 지붕 등 전체적인 건물 특성이 모두 6각을 반영하고 있다.

　기둥은 상하 단일부재로, 굵기에 비해 길이가 길어 세장비가 너무 길다는 이유로

일제 강점기에는 이를 보강하기 위해 보수공사 시 가새를 설치하기도 했다.

 상층기둥 상부에 창방과 평방을 두른 후 끝이 날카롭지 않고 둥글게 초각한 외1출목 익공식 공포가 구성되어 있으며 기둥칸마다 2개씩의 공간포가 구성되어 있다.

 서측 난간에서 2층으로 올라가는 7단의 목재 계단이 설치되어 있고, 도리 양 측면에 갈모산방을 두어 선자연을 받치면서 전체적으로 앙곡을 주고 있다.

 중앙부에는 찰주를 세워 추녀가 연결되도록 하였고 헛지붕을 가설한 후 중앙에 절병통을 설치하였다.

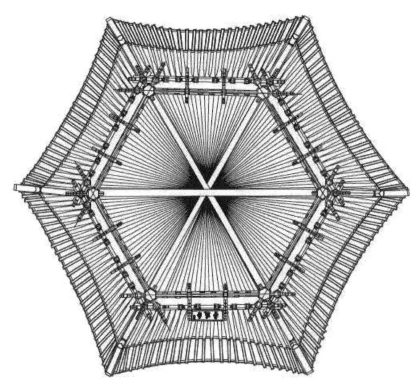

2층 앙시도

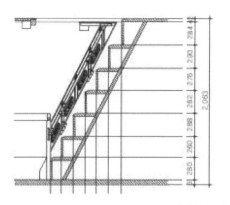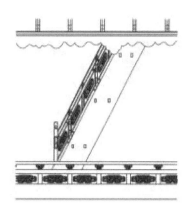

계단(左-단면도, 右-측면도)

대량 상세도

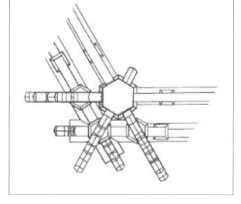

공포부 단면도   공포부 앙시도

4 참고 자료

참고자료

1. 주요 건축물 도면 자료

봉정사 극락전 - 「봉정사 극락전 수리 실측 보고서」(2003)
부석사 무량수전 - 「부석사 무량수전 실측 조사 보고서」(2002)
수덕사 대웅전 - 「수덕사 대웅전 실측 조사 보고서」(2005)
강화 정수사 법당 - 「강화 정수사 법당 실측 수리 보고서」(2004)
은해사 거조암 영산전 - 「은해사 거조암 영산전 실측 조사 보고서」(2004)
부석사 조사당 - 「부석사 조사당 수리 실측 조사 보고서」(2005)
무위사 극락전 - 「무위사 극락전 실측 조사 보고서」(2004)
도갑사 해탈문 - 「도갑사 해탈문 실측 조사 보고서」(2005)
관룡사 약사전 - 「관룡사 약사전 실측 조사 보고서」(2001)
강릉 객사문 - 『전통 건축 도면집 - 강릉 임영관 삼문』(2011)
나주향교 대성전 - 주남철, 『한국건축사』(2002)
법주사 팔상전 - 최현각, 김봉렬, 『(빛깔있는 책들) 법주사』(1994)
화암사 극락전 - 「완주 화암사 극락전 실측 및 수리 보고서」(2004)
봉정사 대웅전 - 「봉정사 대웅전 해체 수리 공사 보고서」(2004)
신륵사 조사당 - 「신륵사 조사당 실측 조사 보고서」(2005)
관룡사 대웅전 - 「관룡사 대웅전 수리 보고서」(2002)
화엄사 각황전 - 「화엄사 각황전 실측 조사 보고서」(2009)
마곡사 대웅보전 - 「공주 마곡사 대웅보전 정밀 실측 조사 보고서」(2012)
무량사 극락전 - 「무량사 극락전 수리 보고서」(2010)
법주사 대웅보전 - 「법주사 대웅전 실측 수리 보고서」(2005)
금산사 미륵전 - 「금산사 미륵전 수리 보고서」(2000)
경복궁 근정전 - 「근정전 보수공사 및 실측 조사 보고서」(2003)
창덕궁 인정전 - 「창덕궁 인정전 실측 조사 보고서」(1998)
경복궁 경회루 - 「경복궁 경회루 실측 조사 및 수리 공사 보고서」(2000)
경복궁 근정문 - 「경복궁 근정문 수리 보고서」(2001)
수원 팔달문 - 「경기도 지정 문화재 실측 조사 보고서」(1998)
숭례문 - 「숭례문 복구 및 성곽 복원공사 수리 보고서」(2013)
흥인지문 - 「흥인지문 정밀 실측 조사 보고서」(2006)
범어사 일주문 - 「부산 범어사 조계문 정밀 실측 조사 보고서」(2012)
개심사 대웅전 - 「개심사 대웅전 수리 보고서」(2007)
해인사 수다라장전 - 「해인사 장경판전 실측 조사 보고서」(2002)
남원 광한루 - 「광한루 실측 조사 보고서」(2000)
밀양 영남루 - 「밀양 영남루 실측 조사 보고서」(1999)
삼척 죽서루 - 「삼척 죽서루 정밀 실측 조사 보고서」(1999)
종묘 정전 - 「종묘 정전 실측 조사 보고서」(1989)
전주 풍남문 - 「전주 풍남문 실측 조사 보고서」(2004)
창덕궁 부용정 - 「창덕궁 부용정 해체 실측 수리 보고서」(2012)
창덕궁 존덕정 - 「창덕궁 존덕정 수리 보고서」(2010)
경복궁 향원정 - 「경복궁 향원정 정밀 실측 보고서」(2013)

2. 참고문헌

김동욱, 『한국건축의 역사』, 김문당

김봉렬, 『김봉렬의 한국 건축 이야기』, 1~3권, 돌베개

김왕직, 『강릉 임영관 삼문』, 동녘

김왕직, 『강화 정수사 법당』, 동녘

김왕직, 『알기 쉬운 한국 건축 용어사전』, 동녘

김왕직, 『예산 수덕사 대웅전』, 동녘

윤장섭, 『한국건축사』, 동명사

주남철, 『한국건축사』, 고려대학교 출판부

한국건축개념사전 기획위원회, 『한국건축개념사전』, 동녘

한국건축역사학회, 『한국건축답사수첩』, 동녘